Osprey DUEL

オスプレイ"対決"シリーズ
11

ティーガーⅡ
vs
IS-2 スターリン戦車
東部戦線1945

[著]
デヴィッド・R・ヒギンス
[カラーイラスト]
ジム・ローリアー
ピーター・デニス
[訳]
宮永忠将

KING TIGER VS IS-2
Operation Solstice 1945

Text by
DAVID R. HIGGINS

大日本絵画

◎**著者紹介**
デヴィッド・R・ヒギンス　David R. Higgins
コロンバス・アート＆デザインカレッジに学び、オハイオ州立大学で美術学士号を取得後、ケラー大学院で情報システム・マネジメントの修士号を得た。Strategy & Tactics、Armchair General、World at War誌など、シミュレーションゲーム雑誌に、ローエル川渡河作戦に関する記事など多数の原稿を執筆している。また米国防省に対しても軍事衝突の分析情報を提供している。現在はオハイオ州に在住。

ジム・ローリアー　Jim Laurier
ニューイングランドに誕生したのち、1974年から1978年にかけてコネチカット州ハムデンのパイアー美術学校で学び、優秀な成績で卒業。以後、絵画、イラストレーションの世界で優れた作品を発表し続けている。アメリカ空軍の航空界がにも優れた実績を残し、ペンタゴンの永久保存絵画として選出されている。現在はニューハンプシャー州に在住。

ピーター・デニス　Peter Dennis
1950年生まれ。Look and Learn誌などの雑誌に影響されてリヴァプール美術学校に進み、イラストレーションの訓練を積む。以来、数百冊の本、特に歴史関係のイラストを手がけ、オスプレイでの仕事も多い。熱心なシミュレーション・ウォーゲーマー、プラモデラーの一面も持ち、ノッティンガムシャーを拠点として活動している。本誌では戦闘シーンのイラストを担当した。

目次
contents

4	はじめに Introduction
6	開発と発展の経緯 Design and Development
10	年表 Chronology
21	技術的特徴 Techinical Specifications
33	対決前夜 The Strategic Situation
41	戦車兵 The Combatants
52	戦闘開始 The Action
71	統計と分析 Statistics and Analysis
76	結論 The Aftermath
78	参考文献 Bibliography

INTRODUCTION
はじめに

　1920年代から1930年代にかけての戦間期、第1次世界大戦で萌芽を見た軍の機械化、装甲化への動きの中で、重「突破」戦車の概念をどのように具体化に結びつけるかという課題は、ヨーロッパの戦車開発者を等しく悩ませていた。戦線が膠着し、大出血を強いられる塹壕戦を繰り返したくないという思いに、この戦間期における戦車開発者は取り憑かれていたのだ。こうした潮流の中、ソビエト連邦は、T-32やT-35などの多砲塔重戦車を核とした戦車部隊を創設して、ミハエル・トハチェフスキー陸軍元帥が提唱した「機動集団」における先鋒の役割を担わせる軍事原則を追求することで、列強では一歩抜きんでた存在になっていた。そしてロシア内戦（1917～1923年）では、従来の騎兵部隊のように運用されていた軽戦車、装甲車には、重突破戦車が穿った突破口から敵陣深くまで迅速に侵攻して、敵の指揮統制および連絡網を破壊する役割が期待された。重戦車と軽戦車のコンビネーションによって、「縦深戦闘理論」を具体化しようと考えたのである。

　スペイン内戦（1936～1939年）に、ソ連は援軍を派遣して介入したが、赤軍[訳註1]の理論家たちは、戦術的な敗戦を重ねた実戦経験の中で、装甲戦力に対する従来の考えを改める一方で、技術的な領域における飛躍をなし遂げた。多砲塔戦車を発展させて「機動要塞」に至るという方向性は否定され、代わって単砲塔戦車がこの役割を担うものと目されたのだ。単砲塔戦車は構造が単純で、機械的信頼性に優れている。しかしながら、このような戦車を戦場でいかに運用するかという研究は、まだほとんど手つかずで残されていた。また、いかにして大量生産を実現するかという問題が残るが、これについては疑問視される部分はあまりなかった。ソ連では戦車設計段階で、戦車兵の居住性はさほど重視されず、その分、戦車設計は生産性を優先できたからだ。乗員の疲労や訓練効率などは、現場で解決すべき問題とされてしまったのである。

　第2次世界大戦の勃発以降、戦車の開発と軍事ドクトリンは大きく進化したが、とりわけ、東部戦線で戦車は決定的な役割を果たしていた。1941年の「バルバロッサ作戦」で投入された、ソビエトのT-34/76戦車は、分厚くて効果的な傾斜装甲と抜群の機動性、優秀な主砲を持っていたので、ドイツ軍に大変なショックを与えた。1942年8月には、ドイツ軍もティーガーⅠ重戦車を戦場に投入してT-34を圧倒する性能を見せつけたが、生産性に優れたT-34は損耗を上回るペースで戦場に次々と投入されたので、ソ連軍は優勢を維持することができた。結果として、東部戦線における軍拡競争では、両軍とも戦場の支配権を巡って戦車の改良を繰り返し、戦車の装甲と主砲、そして重量は、時間を追うように強化された。

　1943年夏にクルスクの戦いが終わると、ソ連はドイツ軍の高初速を誇る88mm戦車砲に耐えられる一方、敵のあらゆる戦車を撃破できる主砲を

訳註1：ロシア革命勃発時に、労働者の自発的武装組織として誕生した赤衛隊は、1918年に労働者・農民赤軍（赤軍）と改称し、社会民主党左派や社会革命党左派を支持する旧ロシア軍人などを糾合して組織と戦力を整えながら、諸外国の革命干渉軍や帝政復活を目指す白衛軍に勝利した。1937年に海軍が赤軍から独立してからは、ソ連軍陸軍を指す呼称となった。本書も通例にならい「ソ連軍」と同じ意味で用いている。

二色迷彩を施されたティーガーIIの初期型で、「生産型砲塔（ヘンシェル砲塔）」の特徴がはっきりと確認できる。車載機銃やキューポラ用機銃、予備履帯、サイドスカート、ボッシュ製ヘッドライト、スプロケット・ガイド用の牽引連結具などはまだ装着されていない。

搭載した戦車の開発に動きはじめた。こうして1944年8月に投入されたIS-2（ISはイオーシフ・スターリンの意味）重戦車は、かなりの装甲貫通力が期待できる直径122㎜の大口径砲を搭載していたが、実戦でもドイツ軍のティーガーIやパンター戦車と互角に渡り合って、「重」突破戦車としての役割をよく果たした。しかし、IS-2が登場するより1ヶ月早く、ドイツ軍はティーガーII重戦車の開発に成功し、東部戦線への投入を急いでいたのである。

　正式名称"Pzkw.VI.ausf.B（VI号戦車B型）"、通称ティーガーIIは、ドイツ軍需省内の愛称として使われていた"ケーニッヒス・ティーガー（ベンガル虎）"という名前の方で、広く知れ渡っている。連合軍情報部は、この愛称を正式名称と誤認したので、この戦車をもっぱら「キング・タイガー」、「ロイヤル・タイガー」と呼ぶようになっていた。装甲と主砲はティーガーI重戦車を大きく凌ぎ、設計面ではパンター戦車を踏襲した70トン級のティーガーII重戦車は、決定的な戦場の支配者として姿を現した。終戦までの10ヶ月間、防戦一方となっていたドイツ軍において、ティーガーIIは東ヨーロッパを快調に進撃するソ連軍、とりわけその先鋒に立つIS-2重戦車と盛んに砲火を交わすことになった。1945年までには、ティーガーIIとIS-2は、実戦投入された重戦車の頂点に立つ存在であり、戦後においては、ドイツ軍のレオパルト1やレオパルト2、ソビエト軍のT-54/55に連なる多目的「主力戦車（MBT）」の母体となり、現代戦車の礎となったのである。

開発と発展の経緯
Design and Development

ティーガーⅡ
THE TIGER Ⅱ

・起源

　1937年に、ドイツ、カッセルのヘンシェル＆ゾーン社が30トン級突破（戦）車の開発に着手して以来、1942年までに重戦車の開発は大幅な進歩を見せた。その間、1939年から1942年にかけて展開した電撃戦において、ドイツ軍は23トン級のⅢ号戦車（主力戦車）や、25トン級のⅣ号戦車（支援戦車）のような軽量戦車でも、機動戦や追撃戦では充分な戦果を挙げられることを証明していた。しかし東部戦線では、戦車、自走砲ともに大型化と火力強化が避けられなくなり、ドイツ、ソビエト両軍とも戦車開発競争に火花を散らすことになった。ドイツは一方で、現行戦車の改良や近代化改修にもかなりの労力と資源を割いていたが、これは短期的な視点での解決策でしかなかった。戦況が徐々に悪化して防御戦を強いられるようになると、まったく新しい思想の戦車が必要とされたのである。

　ヘンシェル社製、57トンのティーガーⅠ重戦車は、赤軍のT-34やKV-1重戦車、イギリスのマチルダ重戦車などに対して有効な戦車であることを証明したが、戦争中盤になると、垂直平面を多用していた基本デザインが、時間にして6年ほど時代遅れであることを隠せなくなっていた [訳註2]。ドイツ軍関係者は、より近代化した戦車への置き換えの必要を痛感し、ヘンシェル社はもちろん、そのライバル企業でもあるポルシェ社は新型重戦車の開発に着手していた。1942年5月26日、ドイツ軍需省の兵器局兵器試験第6課は、ティーガーⅠの後継重戦車について、時速40km、厚さ100mmの均質圧延鋼板（RHA）を射撃距離1,500mで貫通する主砲能力、防御では正面装甲150mm、側面装甲80mmという仕様をまとめた。兵器局兵器試験第6課長のフリードリヒ＝ヴィルヘルム・ホルツホイエル大佐と、主任設計技師ハインリヒ・エルンスト・クニープカンプのもとで、開発計画は間もなく軌道に乗せられ、大戦で実戦投入されたものの中では最重量級の重戦車が誕生することになる。

　ヘンシェル社では同社の45トン級のVK45.01（H）の拡張という方向性で後継重戦車の開発を進めた（VKは全装軌車の意味）。VK45.01（H）は、Ⅳ号戦車の重武装バージョンであり、テーパーボア型75mm/50mm砲（兵器機材番号0725）を搭載する予定の車台だった。ちなみにこの砲は、ゲルリッヒ砲の理論を応用していて、スカート付き弾頭が、砲尾から砲口にかけて漸減するように絞られた砲身を通過する際に高まる腔内圧を運動エネルギーに変えて、初速、射程、威力が増加するという主砲である。貫通力を強化するために、弾芯に比重が重いタングステン・カーバイドを使用する

訳註2：ティーガーⅠの開発は1937年から始まっていて、基本設計と仕様は独ソ戦の勃発に先だつ1941年5月に決まっていた。したがってティーガーⅠは比類ない重戦車であるが、その設計思想はⅢ号戦車のグレードアップ、つまり戦前の思想を色濃く残していた。いわゆる「T-34ショック」が引き金になって開発されたのはⅤ号戦車パンターであり、ティーガーⅡは、主砲以外の基本的要素をこのパンターから引き継いだ重戦車として位置づけられる。

「生産型砲塔」を搭載したティーガーⅡ（二分割型の砲身から判別できる）。車体前部の傾斜装甲板上には、ボッシュ製ヘッドライトが装着され、車体にはツィンメリット塗装が施されている。ティーガーⅡは開けた地形と歩兵の近接支援が得られるという条件のもとで、「狙撃手」として運用されたときに最大の力を発揮した。写真のような灌木や下生えに囲まれた地形は、最高のカモフラージュを「猛獣」に提供した。（DML）

ことになっていたが、この素材は装甲素材を加工する工作機械にも必要な稀少金属であるため、結局は砲弾としての採用は見送られた。

ポルシェ社が提案したVK45.02（P）は、同社がティーガーⅠの競争試作時に提出した重戦車を基礎としていた。しかし車体に対して非力なエンジンとサスペンション、高すぎる接地圧、そしてやや先進的に過ぎるガソリン／大型電動モーター併用のハイブリッドエンジン——戦時の大量生産にあって貴重な銅を消費する——が、VK45.02（P）の運命を閉ざすことになった。主砲として望まれたラインメタル＝ボルジヒ社製の新型88㎜高射砲Flak41 L/74については、砲尾とカウンターウェイトが大きく、予定の砲塔では収納できないことが判明した。フェルディナント・ポルシェ博士に対するヒトラーの寵愛は変わらなかったが、1942年11月3日、ポルシェ社製ティーガーⅢは競争試作の候補から落選した。

この「ティーガー開発計画」に従い、ヘンシェル社が改良版として提出したVK45.03（H）は88㎜戦車砲 KwK43を搭載し、Ⅴ号戦車パンターをそのまま大型化したかのような傾斜装甲を持つ車体として姿を現した。将来のメンテナンスや補給を容易にするために、ティーガーⅡについては、変速機や転輪、エンジン冷却装置その他の部品を、計画中の新型パンターと共通化するよう提案していた［訳註3］。ヒトラーは一層の重装甲化と機動性の向上を求めたが、結果として同車の開発を遅らせる結果となった。装甲強化のために転輪部を守るサイドスカートを追加したが、その効果も重量増加で相殺されたことなどは、遅延の影響を示す象徴的な一例だろう。

訳註3：1943年2月に兵器局兵器試験第6課の命令で、開発中のVK45.03（ティーガーⅡ）と、計画中の新型パンター（パンターⅡ）の主要構成部品を広範囲にわたって共通規格化することになったが、結局、パンターⅡは実験止まりで開発が進まず、この共通化作業への寄り道によってヘンシェル社の開発ラインは数ヶ月遅れることになった。

・生産

1800年代から機関車製造メーカーとして知られていたヘンシェル社は、当然の成り行きとして、第2次世界大戦勃発前から軍用車両をはじめ、トラックや航空機、砲などの開発と生産に重要な役割を果たしてきた。カッセルにあった同社の巨大工場群には、機関車や装甲車、火砲の部品生産工場や鋳造工場、組み立て工場などが集中し、12時間交代制で約8,000人の従業員が働いていた。ヘンシェル社では、労働者が決められた手順に従って部品を組み立てるベルトコンベア式ではなく、連続した9つの「タクト・タイム［訳註4］」制の生産ライン採用していた。大型車両製造部門では「タクト（Takt）」と短縮して呼ばれた手順において、一つのチームが厳密に定められた時間内に担当部位を完成させてから、次のチームに渡すという

訳註4：作業者1人が製造品1台を作業する時間を指すが、ここではいわゆるベルトコンベアーによる単純流れ作業に対比させて、戦車製造時のドイツのクラフトマンシップを強調しようとした表現と思われる。

製造工程が徹底していたのだ。同社工場は、1943年10月22日から23日に行なわれたイギリス空軍の夜間爆撃のような大規模な作戦をはじめとして約40回の爆撃を受けたが、生産ラインが完全に停止することはなく、部分的ながらも稼働を維持し、1945年4月4日にアメリカ軍に占領されるまで操業を続けていた。

ヘンシェル社では、1943年10月の時点で、11月から翌'44年1月にかけての年四半期におけるティーガーIIの生産計画を176両（試作車3両を含む）と設定していた。ところが翌月には総生産数が350両に上方修正され、最終的には1,500両の発注がかけられた。しかしヘンシェル社は新型砲塔と車体の製造能力を持っていなかった（これはポルシェ社も同様）ため、フリードリヒ・クルップAGを筆頭に、DHHV社（装甲板製造会社：ドルトムント・ハーダー・ヒュッテンフェアアイン）、チェコスロヴァキアのシュコダ社などが主要装甲部を提供することになった。砲塔についてはカッセルに拠点を置くヴェックマン社が完成品を納入することに決まった。

ポルシェ社が設計要求を出していた1900mmの砲塔リング系では88mm戦車砲Kwk43を搭載するのに小さすぎることが判明すると、クルップ社は最小の改造で直径2000mmに拡張して安定精度を向上させた砲塔を、ポルシェ、ヘンシェル両社に提供した。ポルシェ社は早急にもティーガーIIの試験用車台であるVK45.02用に50基もの砲塔を発注していた。外見的には、この「前生産型砲塔（ポルシェ砲塔）」は防盾が湾曲したカマボコ状の半円筒（パンターD型およびA型で見られたのと同じ形状）になっていて、跳弾性に優れていたが、湾曲部下面への命中弾がショットトラップを招いて砲塔リングを破損させたり、装甲が薄い車体上部を突き破る可能性が指摘された。この設計面の欠陥を是正し、生産効率を上げるために、1943年12月7日に、「前生産型砲塔」は生産中止となった。クルップ社はこれを受けて、命中弾による主砲射撃性能への影響を最小限に抑えたザウコップ（豚の鼻）型防盾を持つ「生産型砲塔（ヘンシェル砲塔）」を生産した。これにはポルシェ向け砲塔のコンポーネントに最小限の変更を加えるだけで生産できる利点もあった。装甲の形状も単純化された結果、砲塔内の容積も増え、ポルシェ砲塔が80発の砲弾を積載したのに対して、ヘンシェル砲塔は86発ほど積載できる点も好まれた。

・配置

ティーガーIIの内装と乗員の配置は、ドイツ軍の伝統を踏襲して、傾斜装甲の真後ろにあたる前室では、左側の座席に操縦手が、右側には無線手／車載機銃手が並んで座るようになっていた。操縦席は位置が調整可能で、運転手用ハッチを開けて視界を確保しながら運転する際には、頭をハッチよりも高く出すことができた。前室の乗員の座席は操縦装置や無線機で隔てられているので、それぞれに出入り用ハッチが用意されていた。

車体中央の戦闘区画は砲塔が占めているが、長砲身の主砲に見合う砲身駐退器とカウンターウェイトを格納できる奥行きと容積を持った大きな砲塔になっている。砲塔と一体化した「バスケット」状のプラットホームは、砲塔の旋回に伴い内装と乗員も一緒に回転する仕組みなので、乗員にとっては安全で、かつ戦闘時の効率も維持できる。砲手は正面に向かって左側、車長の前に位置して、装填手が砲尾を挟んで右側につく。砲塔が巨大であ

ツェメリット塗装が印象的なティーガーII。エンジン廻りの作業を容易にするために、砲塔をわずかに旋回させている。700馬力のエンジンをオーバーホールしなければならないので、3トンクレーンを搭載したビュッシンク-NAG4500重輸送トラックの補助が不可欠だ。砲塔の「ピルス」ソケットに固定する三脚型2トンクレーンは、もっと軽い重量物を扱う作業で使用する。（DML）

るため、砲塔のハッチを閉じて密閉状態になると、キューポラから下方向への視認性は著しく悪化する。ティーガーIIの変速機と駆動輪は車体前方に収めてあるので、車体後部のエンジンと連結するための自在継ぎ手(ユニバーサル・ジョイント)は砲塔バスケットの下に通さなければならず、結果として車高が0.5mほど高くなった。これに伴って装甲部位も拡大し、重量増加の一因となっていた。

・派生車種

　ティーガーIIの製造期間は17ヶ月ほどだったが、この間、基本設計にはほとんど変更が加えられていない。初期の2種類（製造番号420500～420530）については、潜水渡河装置が用意され、車体の細部もそのような仕様になっていたが、試験場以外で使用されることはなかった。1944年1月には、平面型の泥よけが湾曲した形状に変更され、排気の逆流を防ぐために、棒状の排気管にはカーブが付いた。また寒冷地でのエンジン始動を改善するために、冷却水の凍結防止装置も追加されている。5月には、駆動用スプロケットの不均等な摩耗を最小限に抑えるために、新型の履帯が導入された [訳註5]。工場では、当初すべてのティーガーIIに磁気吸着地雷を退けるためのツィンメリット塗装を施していたが、敵弾が命中した際に火災を発生しやすくなるという誤解もあり、1944年9月9日に中止となった。ガスケットや封印剤、各種ソケットは車体重量のために漏洩や破断事故を起こしやすかったので、順次新しい部品に改良された。

　砲塔の屋根に3ヵ所取り付けられている鋳造一体型の「ピルス（円筒型）」ソケットは、車両整備の際に用いる2トン級ジブクレーンの三脚架の足場として使用するものである。7月には砲塔側面に計4ヵ所の予備履帯取り付け用フックの装着が始まり、現行車両の部品交換も行なわれた。また翌月には、20トン・ジャッキの支給が停止した。1944年11月になると、20両のティーガーIIを、FuG8無線機（SdKfz 267）またはFuG7無線機（SdKfz 268）のいずれかを搭載した指揮戦車に改修するよう、ヴェックマン社に対して命令が出されたが、作業に時間がかかり、この車両が前線に戻ったのは1945年2月から3月にかけての時期であった。1945年1月からは、雨が砲手の視界の邪魔にならないように、砲手用サイトに小さな雨除けカバーが取り付けられた。

訳註5：ティーガーIIは当初、ティーガーIと共通の800mm広軌型履帯（Gg24/800/300）を使用していたが、駆動用スプロケットの不均等な摩耗を招きやすく、駆動系全体への負担となった。そこで1944年5月より新型のダブルリンク式履帯（Gg26/800/300）に換装され、同時にスプロケットも従来の18枚歯から9枚歯の新型に変えられた。

ティーガーIIの「生産型砲塔」とバスケット。IS-2の砲塔とは異なり、ティーガーIIではバスケットに支えられた戦闘区画全体が砲塔と連動して旋回するようになっている。この結果、乗員の居住性と操作性は格段に向上し、事故の原因も大幅に減すことができた。当然、IS-2との交戦時には、ファースト・ルック／ファースト・ヒット／ファースト・キル（先に見つけ、命中させて、先に殺す）の原則を実現しやすく有利だ。(DML)

年表 —— CHRONOLOGY

1937年 1月	ヘンシェル社は、のちにティーガーIとなる重戦車開発契約を軍と取り交わす。
1941年 6月22日	「バルバロッサ作戦」発動。ドイツ軍はソ連製戦車T-34に遭遇する。
1942年 9月16日	レニングラード戦区、ラドガ湖の南にあたるムガ地区にて、第502重戦車大隊のティーガーIが実戦に初投入される。
1943年 2月2日	クルップ社製「試作」砲塔（のちに「生産型」となる）が、クンマースドルフの軍事試験場に納入される。
7月4〜17日	クルスク戦区にて「チタデル作戦」発動。
7月〜8月	ティーガーII、IS-2それぞれの開発が始まる。
1944年 3月14日	ティーガーIIの第1次量産型が戦車教導師団第316（無線操縦）戦車中隊に納入される。同中隊ではBIV装軌式爆薬運搬車の無線操縦車両として使用された。
4月	プロスクロフ〜チェルノフィツィおよびウマーニ〜ボロシャニィ攻勢において、第11および第72親衛重戦車連隊に配備されたIS-2重戦車が、初めて実戦配備される。
7月18日	ノルマンディーにおける反撃作戦の一環として、第503重戦車大隊第1中隊がティーガーIIを実戦投入した。
8月13日	第501重戦車大隊に配備されたティーガーIIが、サンドミエルツ橋頭堡において、初めて東部戦線に投入され、第71親衛重戦車連隊のIS-2と交戦した。
12月	ソ連軍は現行のIS-2装備重戦車連隊をもとに、親衛重戦車旅団の編成に着手した。

後期生産型の特徴をなす「ローマ人の鼻」型溶接胴体を持つ写真のIS-2は、手違いからプラハに侵攻した最初のソ連戦車であり、同士のシュテファニク広場で記念碑に代用されている。牽引連結具の間のアタッチメントによって予備履帯が支えられている。1989年の「ビードロ革命」の結果、ソビエト主導のワルシャワ条約による支配に抵抗する意図から、このモニュメントはピンク色に塗られてしまった。（DML）

初期の「折れ鼻」型のIS-2重戦車で、リターンローラーを喪失し、壊れるに任せた状態になっていることから、手に負えない損傷を被ったらしい。ただし、ホーンとヘッドライトには手を付けられていない。（DML）

1945年 1月12日	ポーランドのリソフ近郊で、第424重戦車大隊（元第501重戦車大隊）のティーガーIIと、第13親衛戦車連隊のIS-2が衝突する。ブダペスト包囲戦のさなか、「コンラート作戦」において、フェルトヘルンハレ重戦車大隊（元第503重戦車大隊）のティーガーIIがIS-2と交戦する。	2月23日	ドイツ軍は攻撃進発点となったイーナ川まで後退する。ソ連軍はポンメルン掃討作戦を新たに発動した。
		3月29日	ティーガーII重戦車の生産が停止する。
2月15日	SS第11義勇装甲擲弾兵師団ノルトラントが、「冬至作戦」に先だち、アルンスヴァルデ守備隊救出に投入される。	4月〜5月	（SS第502およびSS第503重戦車大隊の）ティーガーIIとIS-2重戦車が、ベルリン攻防戦において最後の砲火を交わした。
2月16日	「冬至作戦」が発動し、アルンスヴァルデへの回廊が繋がる。		
2月17日	第2親衛戦車軍がアルンスヴァルデ戦区に展開する。		
2月21日	アルンスヴァルデ守備隊の救出成功に伴い、「冬至作戦」に投入されたドイツ軍が、防御態勢に切り替わる。		

1945年4月27日、ベルリン攻防戦で歩兵の支援に投入された2両のIS-2重戦車。後方の戦車から、外装の様子がおおざっぱに確認できる。（場所と撮影時期を考えれば奇妙なことこの上ないが）車両の砲塔側面には、敵味方識別符号をはじめ、いかなる情報も記されていない。（DML）

1944年ブダペストで撮影された第503重戦車大隊のティーガーIIで、車長用の小型垂直照準ロッド、3つある「ビルツ（円筒型）」マウントのうち1つと、キューポラ設置用対空機銃支持架が確認できる。ティーガーIIはその大きさが目を引いて、人気の写真の題材となった。写真はプロパガンダ用に撮られたものの1枚。（DLM）

ティーガーIIの砲塔を後ろから撮影した写真。磁気吸着地雷を避けるためのツィンメリット塗装の様子と、キューポラのハッチカバーが破損している様子がはっきり確認できる。重量がありすぎて手動操作が困難なので、砲塔後部ハッチには開閉補助用のバネ式ヒンジが取り付けられていた。（DML）

ティーガーⅡ 諸元

製造時期 1943年11月～1945年3月（17ヶ月）
製造数 492両（試作車3両を含む）
戦闘重量 69.8トン（生産型砲塔）
乗員 5名（車長、砲手、装填手、操縦手、無線手／車載機銃手）

寸法
全長（車体長／全長） 7.62m ／ 10.286m
全幅（サイドスカートなし／あり） 3.65m ／ 3.755m
全高 3.09m
対地距離 0.5m

装甲（対垂直傾斜角）
傾斜部（車体上部／下部） 150mm（50度）／ 100mm（50度）
車体側面（車体上部／下部） 80mm（25度）／ 80mm（0度）
車体背面 80mm（30度）
車体上面 40mm（90度）
車体底面（前部／後部） 40mm ／ 25mm（90度）
砲塔正面 180mm（10度）
防盾 150mm（ザウコップ型）
砲塔側面 80mm（21度）
砲塔背面 80mm（20度）
砲塔上面 40mm（78度）
キューポラ側面 150mm（0度）

兵装
主砲 88mm戦車砲 KwK43 L/71（砲塔22発／車体64発：Pzgr 39/43とSprgr 43を50%ずつが積載推奨比率）
照準器 TZf9d型単眼式照準眼鏡
副次兵装 7.92mm MG34機銃x2（同軸／車体）；7.92mm対空機銃を搭載可能（5,850発）
主砲発射速度 5～8発／分
砲塔旋回速度（360度） 10秒／3000rpm、19秒／2000rpm、77秒／ハンドル手動

通信
車内 B型内部通話装置
外部 FuG5超短波10ワット級トランスミッター/USW受信機。一部車両はほぼ同等性能のFuG2を搭載。

動力
エンジン マイバッハ製HL230 P30 12気筒23リッター（水冷式ガソリンエンジン）
出力 600hp ／ 2,500rpm、700hp ／ 3,000rpm（出力重量比：10hp／トン）
変速機 マイバッハ製OLVAR型OG401216B、前進8段、後進4段
燃料携行容量 860リッター（タンク7ヵ所）

走行性能
接地圧（固／軟） 1.03kg/平方センチ／0.76kg/平方センチ
最高速度（路上／不整地） 時速41.5km／時速20km
航続距離（路上／不整地） 170km／120km
燃費（路上／不整地） 5.1リッター/km／7.2リッター/km
渡渉水深 1.8m
超堤高 0.8m
登攀角度 35度
超壕幅 2.5m

SIDE-VIEW

10.286m

ボンメルンでソ連軍の容赦ない攻勢が続いていた2月3日、連日の好天によって凍り付いていた大地も泥濘と化し、部隊の移動は困難を極めていた。アルンスヴァルデ南西の戦区で、戦況を安定させるための反撃作戦に参加する7両のティーガーII重戦車の1両を率いる、カール・ブロンマンSS少尉は、ザンメンティンを目指して移動中でありこの日は移動に費やすことができたものの、2月4日0700時には敵の濃密な対戦車防御網に捕まってしまった。ちょうどこの4日前にも同じような状況に陥ったが、今回は、乗車が動きを止めてしまった。赤軍がこの戦区を蹂躙せんとする気配を察知したドイツ軍は、3両のティーガーIIを派遣して、夜のうちにブロンマン少尉の戦車をアルンスヴァルデの中央広場まで回収しようと試みた。そこまで引き上げれば、修理のために後方に送ることができるのだ。

SS第503重戦車大隊に割り当てられたティーガーIIは、工場から前線に直接送られてきた機材であり、ブロンマン少尉の車両も新品同様で、戦闘の傷はまだなく、その巨体を支えるには不向きな戦場を駆けた痕跡も車体に留めてはいなかった。工場出荷時に、車両には1945年1月初旬から導入された「待ち伏せ」向きの塗装が施されており、ダークイエロー（RAL／帝国工業規格の色見本7028）をベースコートに、迷彩効果を高めるチョコレート・ブラウン（RAL8017）とオリーブ・グリーン（RAL6003）で主要パターンが描かれていた。そしてグリーン地、ブラウン地の上にはダークイエロー（RAL7028）、グレイ・ホワイト（RAL 9002）、ライト・グレイ（RAL 7035）のドットが、イエロー地の上にはオリーブ・グリーンのドットがそれぞれ加えられている。また、ベージュ（RAL1001）の供給が枯渇したために、内部はダークイエロー（RAL7028）で塗られている。砲塔の床と車体下部は、赤い錆止め塗装（RAL8012）のままというケースも多く、終戦が近づいて作業時間が十分に取れなくなると、内装も錆止め塗装のみに留められるようになった。ブロンマンが"221"号車（番号の意味は第2戦車中隊／第2小隊／1号車）に乗車していたことは、（黒の縁取りで3桁の数字が描かれている第1戦車中隊の車両と異なり）車体のマーキングからは確認できない。バルカンクロイツははっきりと識別できる。砲塔側面に装着された予備履帯は、一種の追加装甲の役割も果たしている。また、冬季作戦中は、水溶性の白色塗料が大量に使用される。

イラストのティーガーIIは、1945年2月、SS第503重戦車大隊第2戦車中隊所属車両である（大隊所属車両の製造番号は269～72、350～55、362～390である）。

FRONT-VIEW   REAR-VIEW

3.09m

3.755m

15

初期生産型のIS-2重戦車の後方写真。(エンジン・アクセスポートの形状から) 1943年11月以降に製造された車体だとわかる。牽引ケーブルが解かれ、外部の予備燃料タンク、オイルタンクが見当たらないなどの、周辺の破壊状況から、移動不能になった車体だと推定される。キューポラの左の砲塔張り出し部がないので、小型防盾を装着した車体なのだろう。(DML)

評議委員会（GKO）は参謀本部の意見も入れて、第2943号秘密命令を発し、第185工場（S.M.Kirov）と第100戦車工場に対して、目下脅威となっている敵重戦車ティーガーIに対抗できる新型戦車について、KV-13をベースに2種類の重戦車を試作するよう命じた。戦車砲については、76.2mm砲 L/41 ZiS-5と、122mm U-11榴弾砲の生産が始まっていたので、敵重戦車の装甲を貫通する能力を持つ「オブイェークト233」および「オブイェークト244」戦車砲弾を開発することになった。

1943年9月4日、GKOは第100戦車工場とその下請け工場であるUZTMおよび第200工場に対して、現在開発中の戦車（すなわちIS-2）の改良を命じた。この新型戦車の名称は、不名誉な義理の父 [訳註9] であるヴォロシーロフを退け、政治的な追従からコーチンが「イオーシフ・スターリン」の名を使うことを決めた。「IS設計課（旧SKB-2）」の一部を指揮したドゥホフ技師は、KV-13の車体と装甲配置、サスペンションの流用を望み、主砲にはT-34中戦車の76.2mm砲F-34か、KV-1のZiS-5を使う段取りになっていた。現行の砲塔に122mm砲S-31を搭載しようとする試みが失敗すると、ドゥホフはより小口径の85mm高射砲52K（M1939）をベースに、85mm戦車砲D-5T L/51.6を開発した。こうして、KV-1Sやその派生型のKV-85と併行して、1943年10月から1944年1月にかけての期間、IS-85/IS-1（オブイェークト237）を少数ながら生産し [訳註10]、本格的重戦車の開発までの繋ぎとしていた。そして、クルスクの戦場でドイツ軍のティーガーIやパンター戦車に比較して85mm砲が劣ることがはっきりすると、122mm榴弾砲U-11が注目を集めるのである。

生産効率を高い水準に維持するために、ソビエトの兵器開発者は、可能な限り既存の砲や装備への依存を強いられた。このように単純化された製造および兵站の制限の中で、戦車砲の初速や命中精度、貫通力などの性能を上げる工夫を施すとすれば、砲身長を伸ばすか、砲弾を改良するくらいしか選択肢はない。しかし、100mm砲では、貫通力、重量、射撃速度のどれをとっても122mm野砲A-19 M1931に劣るため、本格的な生産ラインに乗せてしまうわけにはいかない。そこでコーチンの設計チームはA-19の砲身を流用し、U-11榴弾砲から砲身制退器まわりの部品と122mm榴弾砲のM-30砲身揺架と組み合わせることで、最終的に戦車砲D-25Tを創り出した。この「オブイェークト240」がテストでは良好な結果を収めたので、1943年10月31日にIS-2重戦車の主砲として採用され、翌年4月から実戦投入されたのである。現行のIS-1s戦車について、第100戦車工場では一部の車両にD-25T砲が搭載できるように改造して「IS-2s」重戦車としたが、残りの車両は訓練用をはじめ、戦場以外での多用途車両として使われた。

訳註9：SKB-2が開発した戦車は、共産党や政府の要人のイニシャルを冠していたことで知られるが、KV戦車の由来となったクリメント・ヴォロシーロフ元帥は、コーチン技師の義父にあたる。しかしソ＝フィン戦争（冬戦争）での不手際で1940年3月にヴォロシーロフが辞任を強いられると、KV名称に不都合が生じ、代わってソ連最高指導者のスターリンの名を戴くことが決まった。これにはコーチン技師の政治的配慮、悪く言えば追従だとする説が長く信じられているが、それを裏付ける証拠はない。

訳註10：KV-13をベースに、1942年12月には試作重戦車IS-1とIS-2が完成したが、同時期に登場したティーガーIに対し攻撃力不足が判明すると、新開発の85mm砲を搭載する新たな重戦車の開発にスライドした。この開発過程で、試作重戦車IS-1、IS-2に続く試作重戦車IS-3（オブイェークト237）の車体に新開発85mm戦車砲D-5Tを搭載したのがIS-85重戦車で、KV-1Sの改良車体にIS重戦車用の砲塔とD-5Tを乗せたのがKV-85重戦車である。IS-85は1944年春にIS-1に名称変更された。

・配置

　一般に、戦場での戦車の寿命は短いものであることから、IS-2の設計チームはT-34中戦車の美徳である、頑丈さ、単純さ、壊れにくさを重視する姿勢をIS-2にも踏襲した。このような方向性は大量生産や整備性の向上に貢献するだけでなく、生産能力に過度の負担をかけずに済む。122㎜戦車砲の搭載を優先したので、戦車搭乗員の居住性は重視されておらず、IS-2はKV-1より乗員定数が1名少ないにも係わらず、内部容積は窮屈だった。前部操縦席にいるのは操縦手だけで、無線機と機銃の操作は、操縦手と車長が分担しなければならなかった。傾斜装甲を整然とした形に保ち、可能な限り避弾経始の効果を損ねないために、操縦手のビジョン・ポートを除いては、車載機銃などの外装は車体の右前方に固定されていた。この車載機銃には専門の機銃手がいなかったので、射圧程度の効果しか期待できなかった[訳註11]。またハッチは砲塔に2ヵ所しか備えられていないので、緊急脱出を強いられる際には、操縦手がもっとも危険な位置にあった。

　中央戦闘区画となる砲塔では、射撃手と車長が砲尾の左側に、装填手兼同軸機銃手が右側にそれぞれ配置していた。砲塔はバスケットと連動して旋回しないので、砲塔にいる3人は砲塔が旋回に合わせて自分たちも移動しなければならない効率の悪さに耐えねばならず、吊り下げ式の座席で我慢していたた。このような環境の中で重量のある砲弾を装填するのは、ただでさえ骨の折れる作業であるが、分離装薬式砲弾の装薬は鉄製の収納箱に入った状態で、床下に格納されていた（しばしばゴム製の床マットが敷かれていることもある）。また、砲弾は砲塔のバスルに並べられていた。車内にはF-1手榴弾とピストル型信号弾が用意され、戦車を捨てて車外で戦う場合に備えて、マウントされている機銃は簡単に取り外せるようになっていた。

　エンジンと駆動部は車体後部に集中しているので、ティーガーⅡのように車体底部に自在継ぎ手（ユニバーサルジョイント）を通す必要はない。結果として車高を低く抑えられたので、IS-2は全体として背が低いシルエットになった。IS-2の燃料は、乗員区画にある190リッターと245リッターのタンクの他、モーターと変速機の側に据えられた85リッターのタンクに入れられていた。また、互いに連結していない90リッターの予備タンク4個が胴体側面に装着されていた（予備タンクのうち1個はエンジンオイルで、残りはディーゼル燃料が入っていた）。

訳註11：KVシリーズで部署されていた前方機銃手が廃されたので、IS-2の車載機銃は操縦手によってリモコン操作されるようになっていた。当然、正確な射撃は望めなかった。

1944年8月10日、リガ近郊で撮影されたChKZ製初期生産タイプのIS-2重戦車。D-25T戦車砲は、「ドイツ式」のマズルブレーキ（TsAKB式のマズルブレーキがすぐに普及する）と隔螺式閉鎖機を持っている。（DML）

IS-2 諸元

製造時期　1944年4月〜1945年6月（15ヶ月）
製造数　4,392両（+IS-1 107両）
戦闘重量　46.08トン（装甲重量は53パーセント）
乗員　4名（車長、砲手、装填手、操縦手）

寸法
全長（車体長／全長）　6.77m／9.83m
全幅　3.07m
全高　2.73m
対地距離　0.47m

装甲（対垂直傾斜角）
傾斜部（車体上部／下部）120mm（60度）／120mm（30度）
車体側面（車体上部／下部）90mm（15度）／90mm（0度）
車体背面（車体上部／下部）60mm（49度）／60mm（41度）
車体上面　30mm（90度）
車体底面　20mm（90度）
防盾　100mm（円形）
砲塔側面　90mm（18度）
砲塔背面　90mm（30度）
砲塔上面　30mm（85〜90度）
キューポラ（側面／上面）90mm（0度）／20mm（90度）

兵装
主砲　122mm（121.92mm）戦車砲 M1943 D-25T L/43（砲弾28発：OF-471N（榴弾）20発と、BR-471（徹甲榴弾）8発を搭載）
照準器　TSh-17型双眼式照準眼鏡（4倍率）；MK-IVペリスコープ
副次兵装　7.62mm DT機銃x3（同軸／車体／砲塔背面）
主砲発射速度　2〜3発／分

通信
車内　TPU-4-BisF内部通話装置
外部　10-Rのちに10-RK（有効範囲は停車時24km／走行時16km）

動力
エンジン　12気筒 V-2-IS（あるいは V-2-K）水冷ディーゼルエンジン
出力　V-2-IS　600hp／2,300rpm（13hp／トン）、V-2-K　520hp／2,200rpm（出力重量比：11.3hp／トン）
変速機　シンクロメッシュ、前進8段、後進2段
燃料携行容量　790リッター（520リッター＋外部タンク90リッター x3ヵ所）

走行性能
接地圧　0.81kg／平方センチ
最高速度（路上／不整地）　時速37km／時速19km
航続距離（路上／不整地）150km（外部タンク使用で230km）／120km（185km）
燃費（路上／不整地）3.5リッター/km　4.3リッター/km
渡渉水深　1.3m
超堤高　1m
登攀角度　36度
超壕幅　2.5m

SIDE-VIEW

9.83m

開発と発展の経緯

1945年2月8日までに、赤軍はアルンスヴァルデの包囲を完成し、先鋒を形成する機甲部隊はコルベルクに迫り、ダンツィヒ周辺のドイツ軍守備隊を孤立させる勢いであった。レーツの北に展開した第47軍所属の第70親衛重戦車連隊と第397狙撃師団は、いまだ侮りがたいドイツ軍守備隊が広く布陣している状況の中で進撃路を探していた。T-34/85戦車やトラック、歩兵、砲兵などの混成部隊の一部として、IS-2の一群は、ツィーゲンハーゲンから偵察に出てくるであろう敵軍戦車や歩兵との遭遇に備えて西進していた。

　前年10月にKV-1からIS-2への換装を終えていたこともあり、クライン・ジルバーの村を通過するIS-2操縦手の技術は確かだった。周辺を取り巻く建物からは、歩兵が小火器を使って支援射撃をしていたが、IS-2との有効な連絡手段を欠いていたために、先頭車両は敵軍のティーガーIIの射線に迷い込んでしまった。ソ連軍戦車が対応するよりも先に、ティーガーIIの88mm戦車砲から発射されたPzgr 39/43徹甲弾が、IS-2の砲塔と傾斜装甲の間に命中し、瞬時に停車した。しかし2発目が命中するより先に、乗員は判断よく脱出を始めていたので、彼らは安全に友軍占領地に逃げ込むことができた。

　この時期、IS-2の車体はまだ伝統的なグリーンで塗装されていて、その上にかかった泥や埃がある種のカモフラージュの役割を果たしていた。1945年になると、基本色にグリーン（83020 4BO）を塗装するくらいで、装甲車に迷彩塗装を施すのに熱心ではなくなっていた。冬季迷彩としては、水溶性の白色塗料による上書きが一般的で、整備中隊で行なわれるか、そうでなければ乗員自ら塗装した。迷彩塗装はほとんど見られず、もっぱら草むらに擬装する程度の塗装に留められていた。人口密集地や都市部での戦闘が増えてくるに従い、混乱を避けるために部隊識別番号を目立たせるのと同時に、友軍支援機の誤爆を避けるために、上空からの識別を容易にする必要が生じた。1942年以降、ドイツ軍としのぎを削る中で、戦車の識別記号には、例えば黄色い円を囲む白色の三角形（冬季は赤色）などが採用されたが、実際はなかなか安定しなかった。IS-2部隊の場合は、軍団をはじめとする直属の上級司令部によって戦術的な任務が明確にされていたので、識別を重視する必要はかった。第70親衛重戦車連隊のIS-2は、他の重戦車連隊の車両と同じように、砲塔に部隊識別番号などは描かれていない。

　イラストは1945年2月時点での、第70親衛重戦車連隊所属のIS-2である。

FRONT-VIEW

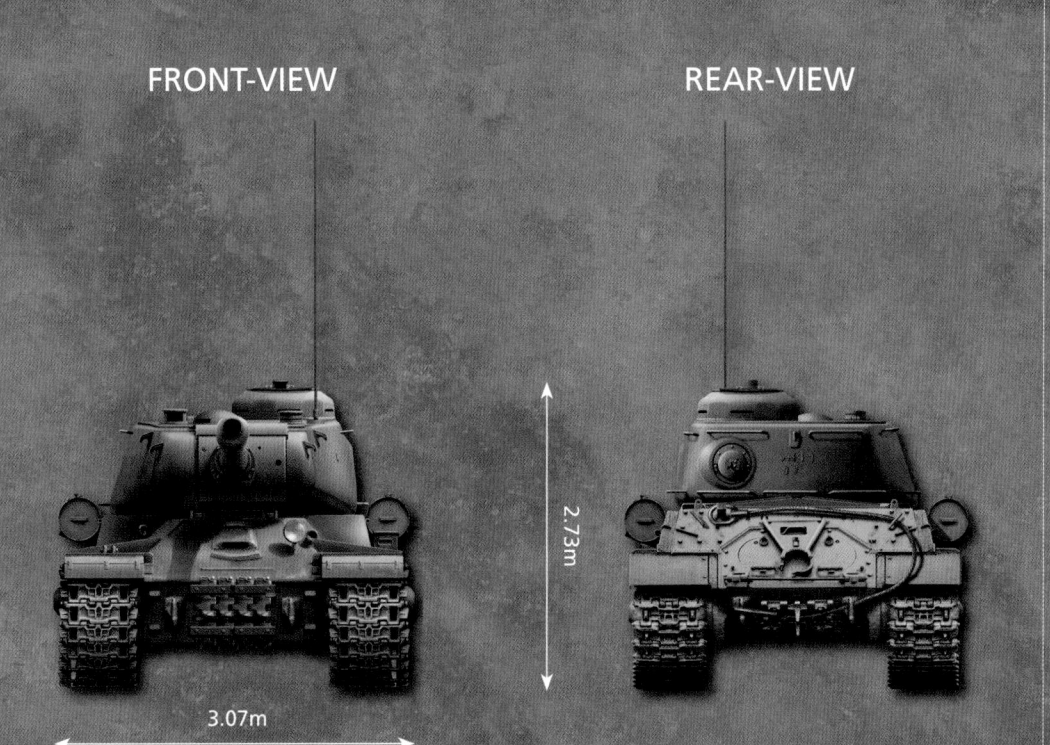

REAR-VIEW

3.07m

2.73m

初期生産型のIS-2重戦車。作戦中、視界を確保するために、操縦手は部分的にバイザーを上げている。末期戦に突入した時期と見えて、写真の「35」号車はキューポラマウント式の12.7mm DShK 1938年型重機関銃を装備している。傾斜装甲部に渡された泥よけは小銃弾や榴弾の破片による被害を緩和した。（DML）

・派生車種

　1944年2月、第40中央科学研究所は、ドイツ軍の75mmおよび88mm徹甲弾に充分耐えるには、IS-2の傾斜装甲に20〜30mm程度の厚みを加える必要を指摘した。傾斜装甲の角度を60度まで傾ければ、装甲の厚みや重さを増やさずに、要求された強度を得られるが、引き替えに操縦手の外部視認装置を単純なビジョン・スリットに変更しなければならなかった [訳註12]。4ヶ月のうちに、鋳造と溶接の組み立て工程の違いはあったが、第200工場とUZTMのそれぞれで強化版傾斜装甲のIS-2の生産が始まった。また歩兵の跨乗をサポートするために、車体の外側に手すりが溶接された。

　3月には、装弾作業の負担を軽減するために、D-25Tに鎖栓式閉鎖機が導入されたが [訳註13]、発射速度の改善は見られなかった。また、主砲射撃時の燃焼ガスを排出し、装薬の品質の低さから生じるひどい砲煙の発生を押さえ、「T字」型をしたマズルブレーキ（砲口制退器）を小型化するために、従来のシングル・チャンバータイプから、信頼性が高いダブル・チャンバータイプの「ドイツ型」マズルブレーキへと変更された。しかし「ドイツ式」マズルブレーキは、閉鎖機の近くに装着されたTSh-17望遠照準眼鏡の射界を妨げてしまうきらいがあった。ゴーリキーの第9工場は望遠照準眼鏡を従来型よりずっと左に移すことでこの問題を解決したが、結果としてキューポラの隣に小さな張り出し部を設けたので、防盾の横幅も増大した。装填手のPT4-17光学サイトはMK-IVにアップグレードされ、標準装備とされたTsAKB（中央砲兵設計局）製のマズルブレーキのおかげで、註退幅を3分の2に抑えることができた。砲塔後部の張り出し部には後方射界用の機銃が取り付けられるようになり、1945年1月からは、IS-2sに対地対空用のキューポラマウント式12.7mm機銃DShK 1938年型が取り付けられるようになった。

訳註12：傾斜装甲の改良のために、圧延鋼板の溶接組み立て式と鋳造式、二種類の操縦席ハウジングが作られ、1944年6月以降のIS-2は「ローマ人の鼻」と呼ばれる平坦な前面傾斜装甲を持つようになった。これは西側でIS-2mと呼ばれているタイプである。第40中央科学研究所の提言を反映する以前の初期型IS-2の車体は、傾斜装甲に段差があることから、本誌では「折れ鼻」型と呼んで区別している。

訳註13：1943年中に生産されたIS-2重戦車は122mm戦車砲A-19を搭載していたが、この閉鎖機は隔螺式となっていた。1944年から鎖栓式閉鎖機の122mm戦車砲D-25Tが搭載されるようになった。この変更により、平均発射速度は1〜1.5発／分から2〜2.5発／分まで上昇したというデータもある。

技術的特徴
Techinical Specifications

ティーガーII
THE TIGER II

・装甲

　貫通弾が命中したとき、戦車の装甲は内部への弾丸の侵入を防ぎ、はじき飛ばすために、一定の硬度を持っていなければならなかったが、同時にその衝突エネルギーを放散して、装甲の形を保っていなければならない。つまり硬すぎて割れたりヒビが入ってはならないのだ。戦争後半期に投入された他の重戦車と同様に、ティーガーIIはまず装甲を厚くすることで、進化を続ける対戦車砲弾に対抗した。胴体装甲は、クロムとモリブデンを加えて表面硬化層の厚みと抗堪性を増した均質圧延鋼板（RHA）でできている。金属の極小粒子を圧縮固化することによって、装甲部材の寸法に狂いが生じないまま装甲材質は強化され、砲弾の衝撃に耐えることができた。均質圧延鋼板は、品質が一定しているときにもっとも強度が増す。つまり品質にムラがあると、継ぎ目などに無理がかかり、そこから破断してしまうのだ。ティーガーIIの場合、胴体の傾斜装甲が150㎜、防盾が180㎜の厚さになっているが、このような厚さの均質圧延鋼板を製造する技術的困難は並大抵ではない。

　装甲を製造する際は、摂氏800度で熱した素材を水で冷却し、次いで先よりは低めの温度で熱したのち、再び冷却水に浸す手順が繰り返されるが、しばしば連合軍の空爆によって、本来なら厳密な管理が要求されるこの作業が妨げられることがあった。結果として、極小の結晶（正確にはベイナイト）が装甲内部に生成して、装甲の硬度が上がりすぎてしまい、戦車砲弾が命中した衝撃で割れやすい装甲になってしまう。このような装甲だと、砲弾命中時の衝撃波が内部に伝わって、装甲の一部を剥離させ、スポールと呼ばれる小片を飛散させることになる。ドイツでは一般的に、装甲の硬度を測る際にブリネル硬度尺度（BHN）を使用するが、ティーガーIIの傾斜装甲と胴体側面はそれぞれBHN220-265（150㎜）、BHN275-340（80㎜）に設定されていた。戦争が長引くにつれて、モリブデン、ニッケル、マンガンや、結晶生成を抑制して均質圧延鋼板の剛性を増すために使用するバナジウムのストックが低下し、装甲の品質は悪化した。

　敵弾の命中を減らすには、露出するシルエットを小さくするのも有効だ。戦闘時に敵に対してもっとも露出する部位は砲塔だが、ティーガーIIの砲塔は正面が傾斜している上に、装甲厚は180㎜あり、さらに頑丈な「ザウコップ（ブタの鼻）」型防盾を備えている。この数字を見れば、敵弾が砲塔の正面方向から命中した場合は、規格外の重装甲にはじかれ、側面からの命中弾も、適度な傾斜によって阻まれる可能性が高いことが理解できる

ティーガーⅡの砲塔

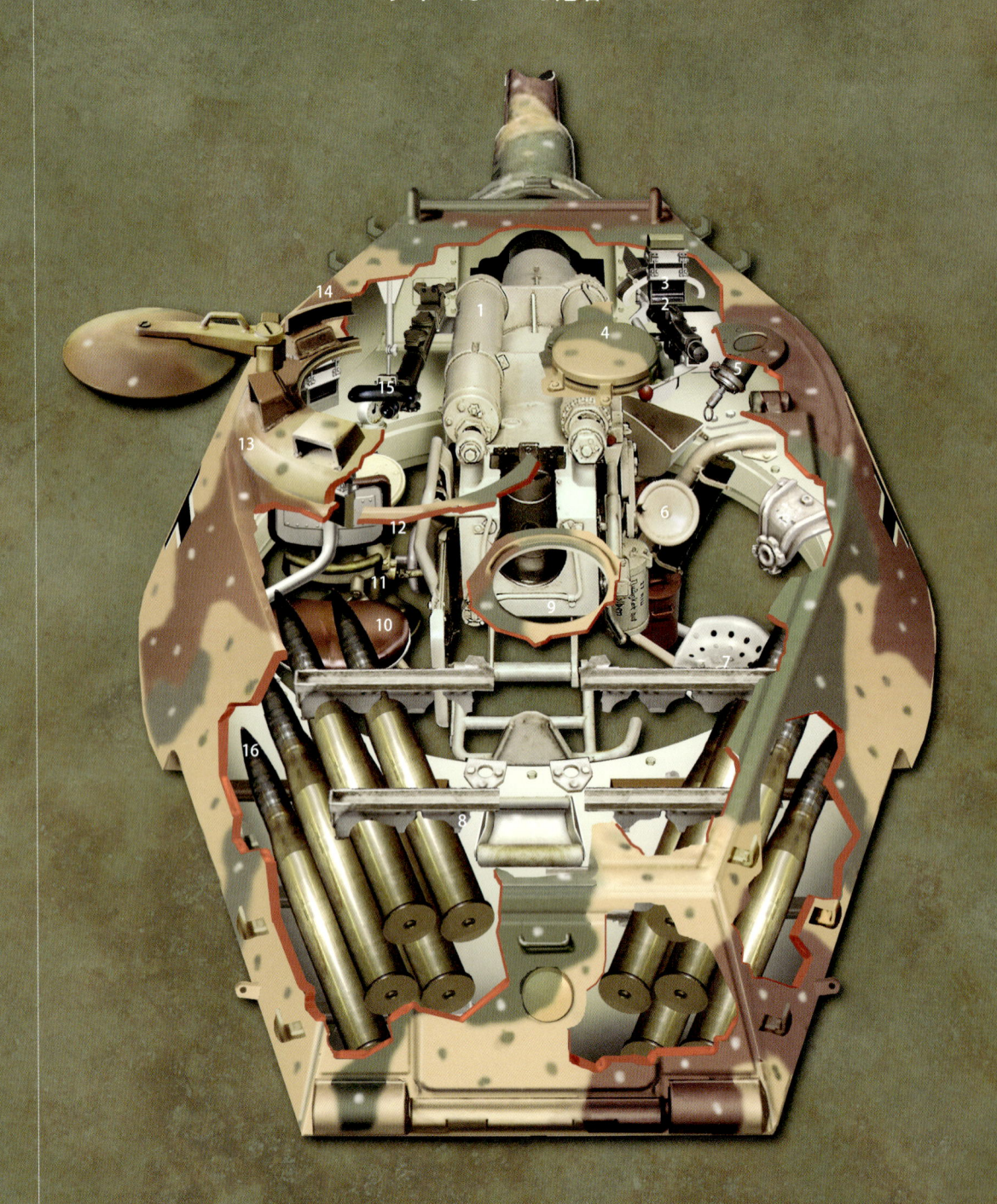

1. 砲身制退器
2. 同軸機銃（7.92㎜ MG34 機銃）
3. 装填手用ペリスコープ
4. 換気用ファン
5. 近接防御兵器投擲器（煙幕、信号弾など）
6. 砲塔旋回ハンドル
7. 装填手用座席
8. 装填用補助ローラー
9. 折りたたみ式後座ガード
10. 車長用シート
11. 砲手用シート
12. 砲手用砲塔旋回ハンドル
13. 車長用キューポラ
14. 7.92㎜対空機銃用マウント
15. TZf9d 単眼式照準眼鏡
16. 砲弾ラック

技術的特徴

ティーガーIIの砲弾

ティーガーIIの主要対戦車砲弾は被帽徹甲弾Pzgr39/43（図1）である。腔内圧が非常に高くなるKwK43 L/71戦車砲での使用に耐えるよう特殊設計されたこの砲弾は、KwK36 L/56で使用された被帽徹甲弾Pzgr39-1と比較して、曳光性能とドライビングバンド（砲腔内のライフリングに圧接して弾体に回転運動を加える部位）が加えられていた。弾芯の先端を覆う被帽は、高速飛翔時の空気抵抗を軽減すると同時に、命中の際には弾芯の貫通力に悪影響を及ぼさないよう配慮されている。この砲弾が命中すると、まず弾芯が装甲板を破壊して内部に食い込み、次いで炸薬として充填されているアマトール（TNTが60パーセント、硝酸アンモニウム40パーセントの混合爆薬）が爆発する仕組みになっている。この砲弾は他の88mm砲でも使用されるが、そのことは薬莢に明記されている。また薬莢には重量（6.9kg）や装薬（GuRP-G1,5-[725/650-5,1/2]）、起爆装置の製造工場と日時（dbg1943/1；dbgはディナミット社の略号）、砲弾の組み立て場所と日時（Jg20.1.43K）など、様々な情報が記載されている。

榴弾Sprgr43（図2）は、非装甲車両や歩兵、固定陣地などに用いられる。曳光性能はなく、ドライビングバンドも旧式のL/4.7と同じものを使用していた。砲弾の威力はアマトールに依存していた。この砲弾も、他の88mm砲に用いられていて、そのことは薬莢の記載から判断できた。（14 Jg20.1.43）は起爆装置の製造場所と日時、（III）は砲弾の重量等級、（R8）は爆薬の種類、（Jg18.1.43N）は砲弾組み立て場所と日時を示す。信管はAZ 23/28（AZは着発信管の略字）で、信管を取り巻くように炸薬が充填されている。信管は、即発と遅発の設定が可能だが、非常に感度がいい砲弾なので、砲身のすぐ近くに立ち木や障害物がある場合は、触発を恐れて砲手は神経をとがらせていた。

対戦車成形炸薬弾Gr39/43（図3）は、重装甲の戦車に対して有効な砲弾である。この砲弾も、他の88mm砲に用いられる場合、薬莢の記載から用途が判断された。（HI）は弾体の種類、（91）は化学成分、（Jg20.1.43）は信管の製造工場と日時、（III）は砲弾の重量等級、（Jg18.1.43N）は砲弾組み立て場所と日時を示す。信管は小型の即発信管ZA38を使用していて、爆発と同時に弾体に仕込まれた円錐形の炸薬が高温の溶融メタルジェットを形成して、装甲に孔をあけるのである。Gr39/43は7,000発ほどしか生産されなかったので、使用された機会は少ない。また、砲弾の初速が遅い上に、砲身のライフリングを介して加えられる回転運動が、成形炸薬の威力を落としているのではと疑う戦車兵も多かった。

高初速被帽徹甲弾Pzgr40/43（図4）は、重戦車に対して用いられた。1943年以降、タングステンが不足しがちだったことから、Pzgr40/43の硬殻弾芯には銅鉄や鉄も、適宜使用されるようになっていた。高初速徹甲弾は全体が黒く塗装された外見をしていて、貫通性を重視しているので、Pzgr39/43に比較して装薬も少ない。軽量砲弾なので、風の抵抗を受けて命中精度が低下することもあった。Pzgr39/43が198万発、Sprg43が248万発も製造されたのに対して、Pzgr40/43は5,800発しか製造されなかった。

1 2 3 4

23

ティーガーIIのM34同軸機銃は、ドイツ軍でもっとも広く使用された口径7.92mmの同軸機銃である。車内での取り回し向上のために、銃身は強力なハウジングで守られ、銃床は取り除かれている。下に見えるのは、砲塔旋回ハンドルである。（著者所有）

だろう。硬くて分厚い装甲には、命中した弾丸が跳弾にならなかった場合でも、砲弾の方が耐えきれずに粉々に割れてしまう利点もある。また傾斜装甲には見かけの装甲厚を増加させる避弾経始の効果もある。以上の様々な要素を統合したティーガーIIの正面装甲は、実質的に、連合軍のいかなる戦車砲を使っても貫通は不可能であり、側面装甲も、通常の戦闘として想定される距離からならば、ほぼすべての戦車砲弾に対して、適切な防御力を発揮していた。

・兵装

　ティーガーIIの主砲として、クルップ社とラインメタル＝ボルジヒ社は、それぞれ88mm戦車砲KwK 43 L/71の試作品を開発した。クルップ製は88mm対戦車砲Pak43をベースとした新規開発の主砲であり、ラインメタル製は高射砲 Flak 41 L/74の改良版である [訳註14]。クルップ製試作砲は、全体の長さが短く、マズルブレーキを備え、車内積載量の確保はもちろん、補給と製造の段階でもメリットが大きい、丈の短い主砲弾を使用することができた。こうして採用されたクルップ製の主砲は、当初、「ポルシェ型」砲塔に搭載するために、砲身は一体成形（モノブロック）構造になっていた。しかし、高初速弾の使用に伴い砲身の寿命が短いことから、製造や交換が容易な二分割型が望ましいとされた。砲尾の閉鎖機は空薬莢を輩出したあとも次弾装填まで開放したままの状態になり、マズルブレーキは大口径砲に伴う砲煙を排出すると同時に砲身の後座量を抑える効果的な役割を果たした。

・機動性

　製造の遅れを回避しつつ、車両装備の交換性を最大限に高めるために、エンジンにはHL230 P30が採用された。45トン級の中型戦車パンターやティーガーI後期型と同じ構造のエンジンで、製造は、マイバッハ社、（アウディ社を含む4つのエンジン製造工場からなる）アウト・ウニオン、ダイムラー＝ベンツ社で行なわれた。ティーガーIIの重量増加にともない、トーションバー・サスペンションは計9つのサスペンションアームから構成されている。独立懸架式のサスペンションによって、縦方向の追随性が

訳註14：ティーガーIIの主砲には、ラインメタル社の88mm高射砲Flak41の車載改造型が採用される見通しであったが、製造時間とコストの問題から断念され、代わってクルップ社の88mm対戦車砲Pak 43 L/71の車載バージョンである戦車砲KwK 43 L/71が採用された。Flak41の競争試作でラインメタル社に敗れたクルップ社が、対戦車砲として開発したのがPak43であり、高射砲Flak41開発の失点をティーガーIIで取り戻した形とも言える。

ティーガーⅡの車体を製造中の様子。「タクト4」の作業の一環として、砲塔取り付け時に、垂直旋盤が使用されている。この作業と並行して、車体では最終減速装置の搭載が行なわれる。(DML)

向上して旋回時の剛性も増し、不整地での安定性も向上した。また、道路上では時速41.5kmの速度性能を発揮できたが、通常作戦時は、もっと低い速度での走行が推奨された。ティーガーⅠの千鳥式転輪配置ではなく、ティーガーⅡは緩衝ゴム付き転輪を並列式に配置したが、この結果、整備性が向上しただけでなく、寒冷環境下でも氷や雪を巻き込んで転輪部が詰まる動き出しのトラブルを減らすことができた。排気管付近のギアによって履帯にテンションをかけられる仕組みによって、起動性とパワー・ステアリングを介しての操作性も格段に向上していた。

・通信

　車内での乗員同士の通信は、B型内部通話装置を介して行なわれる。Ⅲ号戦車以降、ティーガーⅡにいたるまで、音声調整アンプ内蔵式の内部通話装置はドイツ軍戦車の標準装備になっていた。また外部との通信には、FuG5超短波10w級トランスミッター/USW受信機が使用されるが、これはそれぞれ6kmと4kmの有効使用範囲を有していた。また、深い森や市街地、橋梁のような低高度障害物が密集した場所での通信を確保するために、ゴム製基台に据えられた長さ2mの中空式ロッドアンテナが用意されていた。

88㎜戦車砲KwK43 L/71　砲弾毎の貫通性能

表は、均質圧延鋼板に対する各種砲弾の貫通性能を一覧にしたものである。最初の数字が鋼板に直角に命中させた場合、スラッシュの後ろの数字は30度の傾きを持たせた場合の貫通力を㎜（ミリメートル）で示している。各種の数値は連合軍とドイツ軍の実験結果から導いた結果だが、被検体となる鋼板の品質や組成の違いや、貫通の基準設定、砲弾の品質などのばらつきもあり、必ずしも絶対的な比較ではない。

	100m	500m	1,000m	1,500m	2,000m
Pzgr 39/43 [APCBC-HE-T]	233/202	219/185	204/165	190/148	176/132
10.4kg（弾体）、23.35kg（総重量）、秒速1,018m					
Pzgr 40/43 [HVAP/-T]	274/237	251/217	223/193	211/170	184/152
7.3kg（弾体）、秒速1,130m					
Gr Patr 39/43 HI [HEAT]	90/90	90/90	n/a	n/a	n/a
7.65kg（弾体）、16kg（総重量）、秒速600m					

ティーガーⅡの操縦手席の様子。LSt02ステアリング装置の2本のスポークが確認できる。その右は緊急操向用レバーとギアボックスである。ずっと右には車体の弾薬収納部が確認できる。（著者所有）

IS-2 122mm戦車砲D-25T L/43　砲弾毎の貫通性能

表は、均質圧延鋼板に対する各種砲弾の貫通性能を一覧にしたものである。最初の数字が鋼板に直角に命中させた場合、スラッシュの後ろの数字は30度の傾きを持たせた場合の貫通力を㎜（ミリメートル）で示している。各種の数値は連合軍とドイツ軍の実験結果から導いた結果だが、被検体となる鋼板の品質や組成の違いや、貫通の基準設定、砲弾の品質などのばらつきもあり、必ずしも絶対的な比較ではない。

	100m	500m	1,000m	1,500m	2,000m
BR-471 [APHE-T]	Not known/137	152/122	142/115	133/107	118/96
24.97kg（弾体）、秒速792m					

IS-2
THE IS-2

・装甲

　生産ペースを落とさずに、その一方で、複雑化や高額な工作過程を省いてコストを低く抑えることを目指したIS-2重戦車は、鋳造装甲を多用していた。ドイツのティーガーⅡが広範囲にわたって、複雑な工作機械や製造工程を必要としたのと比較すると、IS-2は溶融金属を金型に流し入れた後に冷却させるだけの、極めて簡単な工程を軸としている分、かなり簡素な構造になっている。鋳造式ならば、装甲の厚さを自由に設定し、複雑な曲面も実現できる利点があり、外部も綺麗な平面に整え易いが、一方で、避けがたい弱点もある。

　外面的には、鋳造金属内にできてしまう空孔によって生じるへこみや、冷却時に発生する皺を修正して、装甲の質の低下を補う必要があり、また金型の流し込み口や継ぎ目に発生する溶融金属のバリを削らなければならない。均質圧延鋼板とは異なり、鋳造部品は後から強化加工を施せないので、強度と弾性でも劣ってしまう。当時の製造技術や機械精度の問題から、ソビエトの鋳造装甲は同じ金型を使っていても、部材の厚さが均質でないという欠陥があった。このような差違を埋め合わせるために、砲塔と車体はかなり余裕をもって設計されているので、装着時に小規模な修正作業を施す場合も少なくなかった。

　不適切な熱処理や、低品質の原料を使用することにより、目には見えない装甲内部も欠陥があるのが普通で、ニッケルの代わりにマンガンを代用したことで炭素含有率が上昇し、装甲が硬化し過ぎる欠陥が、とりわけ溶接の継ぎ目に続発した。ソビエト製装甲板は、平均するとBHN420ほどの硬度であったが、IS-2の砲塔はBHN450、車体はBHN440前後と、それぞれが平均よりも硬く──つまり脆くなっていた。一般的に、鋳造製の装甲は

砲塔旋回ハンドルに隣接する場所にあたる、ティーガーⅡの砲手、車長の位置の様子。砲塔リングの付近に12時間計が据えられている。砲手用シートに、車長用の鉄製フットレストが装着されているのが目を引く。（著者所有）

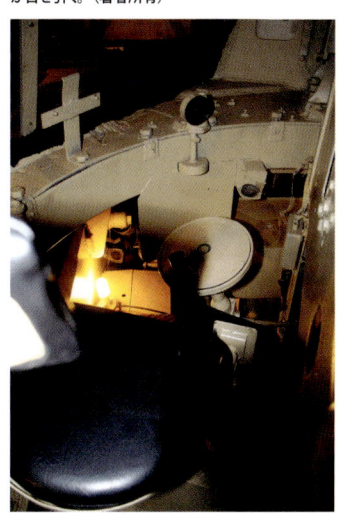

操縦手の座席下にあたる駆動用スプロケットを確認中のティーガーIIの戦車兵。この部分にはアクセスパネルやサスペンションがないので、巻き込んだ異物を写真のようにして取り除く必要があった。(DML)

鋼鉄よりも貫通への抗堪性に優れているが、引き替えに割れやすい弱点がある。アメリカ製の優れた鋼鉄が武器貸与法を通じて供給されるようになったことから、戦車の装甲強化部材としての使用も検討されたが、製造工程の増加と複雑な作業が嫌われて、結局は使用されずに終わっている。

・兵装

戦車砲D-25Tはもともと122mmカノン砲 M1931 A-19をベースとしているので、IS-2の主砲は隔螺式閉鎖機を有し、水圧式砲身制退器と複座装置を砲身揺架内の砲身下部付近に設置していた。また、IS-2用の榴弾は、歩兵や陣地を攻撃する際には強力無比であり、敵重戦車の装甲に対しては、貫通こそ得られなくても、歪ませるなどして装甲力を台無しにする効果を発揮した。しかし、IS-2のBR-471徹甲弾は、砲口付近の発射エネルギーで1.45倍も上回るティーガーIIのPzgr 39/43と比較すると、77パーセントほどの有効射程しかなかった。

多種多様な対戦車砲弾を選べたティーガーIIとは異なり、IS-2には徹甲弾（APHE：徹甲榴弾）と榴弾が1種類ずつあるだけで、通常は8発の徹甲弾を積載して戦った。1943年後半に、ソビエトでは徹甲弾の改良が行なわれ、鋼鉄の含有量を増やしてBHNは460から550まで増加していた。BHNが10増加する毎に、貫通力はざっと1パーセント強化される。こうして実用化されたBR-471A被帽付き徹甲弾は、傾斜装甲にも優れた威力を発揮した。しかし、前線配備は1945年春からなので、ヨーロッパでの戦争には間に合わなかった。IS-2が積載する残りの20発の砲弾は、OF-471ないしOF-471N榴弾で、IS-2が遭遇する可能性があるいかなる目標に対しても効果を期待できる砲弾であった。

・機動性

時間やコストを考えると、IS戦車シリーズ用に新型エンジンを開発するのは不可能だったので、コーチンはKV-1用エンジンの改良で乗り切ろうと考えた。極寒冷地でも確実に起動するように、IS-2はコンプレッサー補助装置が付き、手動、電気の二つの方法で起動可能であった。高圧NKポ

88mm戦車砲 KwK43 L/71の断面図。主砲制退器の位置は薄墨で描かれている。エア・バランサーやディフレクター(反らし版)、閉鎖機の構造も判別できる。(DML)

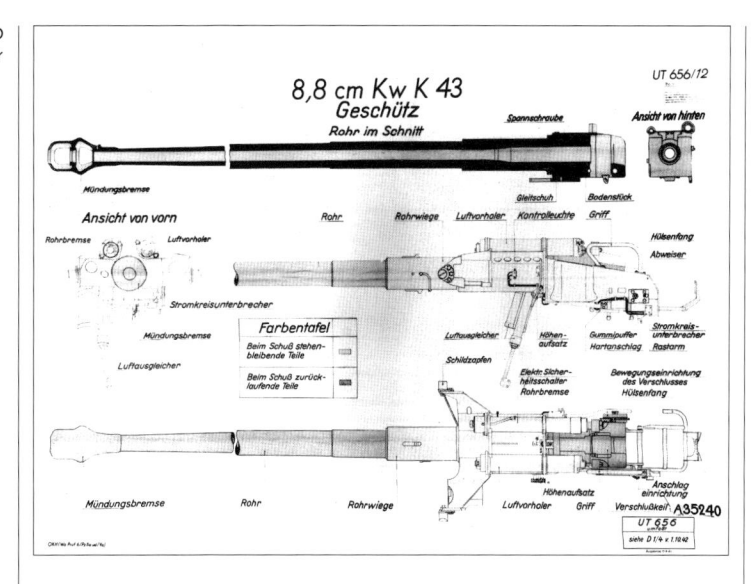

ンプとRNA調速機の組み合わせによって燃料噴出速度とエンジン回転数は一定のレベルに保たれ、同時に戦闘室を温めることもできる。また、おおざっぱな設計の結果、オイルに不純物が混入しやすいために、多層式エアクリーナーが追加された。整備を容易にするために、分解可能な変速機が導入され、乾式多版クラッチ、減速歯車付き機械式変速装置と、二段式遊星歯車装置と操向ブレーキを併用していた。足回りについては、クリスティー式サスペンションがT-34シリーズで良好な結果を見せていたものの、35トンを超える重戦車には能力不足なのが明らかだったので、IS-2にはドイツ式のトーションバー・サスペンションが導入された。リンク部と履帯の端を平らに揃えて、肉抜きとハイマンガン精密鋳造によって軽量化した、幅650mmの「チェリャビンスク型履帯」と全鋼鉄製の転輪の組み合わせは、対摩耗性にも優れていた。

・通信

　IS-2の車内通話は、TPU-4内部通話装置を通じて行なわれる。通話装置はヘルメット内のヘッドフォンと喉頭式マイクを使用するが、どちらもソ連製共通の問題で性能は悪かった。初期の車両はT-34/76が開戦時に装備していたのと同様の、10-R単信式ヘテロダイン(周波数変換式)短波無線装置を搭載していた。この無線装置は、音声ないしモールス信号のような

防盾、閉鎖機、TsAKB型マズルブレーキを装着した状態のD-25T戦車砲。(DML)

IS-2の砲塔

1. 主砲昇降ハンドル
2. 砲手用シート
3. 機銃用予備弾倉
4. 手動砲塔旋回機構
5. 内部通話装置
6. TSh-17型双眼式照準眼鏡
7. 砲塔昇降ギア
8. D-25T主砲尾
9. 隔螺式閉鎖機
10. D-25T用安全ブラケット
11. 換気ファン
12. 徹甲榴弾BR-471
13. MK-IVペリスコープ
14. 砲塔旋回用モーター
15. DT同軸機銃
16. 装填手用シート
17. 車長用キューポラ

122mm戦車砲用OF-471榴弾の構成部品一式を示した写真。(DML)

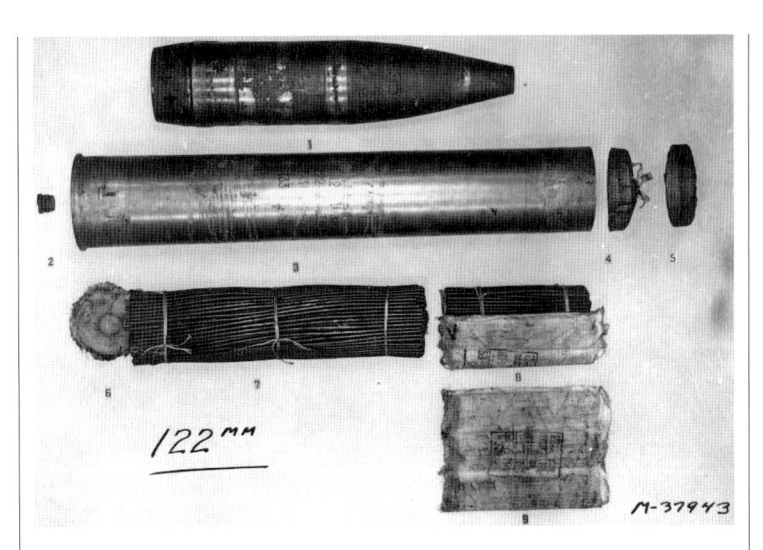

音声以外のデータを、停車状態ならば周波数3.75〜6MHzで約24kmの通信距離を発揮できた（移動時は16kmまで低下）。この無線装置はトランスミッターとレシーバーが分離式になっていて、ゴム製衝撃吸収パッドに覆われるように積載された。しかし、大半のIS-2は、性能面では変わらないものの、製造が容易な改良型10-RK無線装置を搭載し、地形や戦場の環境に左右されにくいように、長さ4mの傘型アンテナを搭載していた。

IS-2の砲弾

1　BR-471 (APHE-T)　　　2　OF-471N (HE)　　　3　OF-471 (HE)

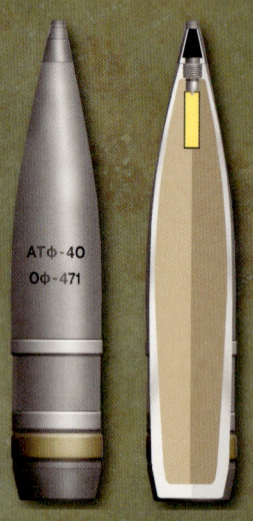

122mm徹甲榴弾BR-471（БР-471）（図1）は、RDX（トリメチレントリニトロアミン）を主体とした炸薬（A-IX-2）を装塡し、目標への命中補助として曳光性能も持っている。薬莢に施された赤い帯が、BR-471であることを示している。弾体に刻まれた深い溝が、命中時の衝撃による爆発威力のズレを抑える役割を果たしている。薬莢に書かれた文字は、先端から砲弾尾部にかけて順に次の情報を示している。（ПОД БРОНЕБ）は対装甲、（Ж-471）は装薬、（122-31/37）は122mm榴弾砲A-19の意味（この砲はM1931/37とも呼ばれていた）、（122-СУ и ТАНК）はSU-122自走砲ないしIS-2戦車用、（НДТ-3 19/1 1/45N）は装薬情報、（2-45-02）は製造年月日。

榴弾OF-471N（ОФ-471Н）（図2）は、炸薬にアマトールを使用しているが、（АТФ-40）はTNT含有率60パーセント、硝酸アンモニウム含有率40パーセントを意味している。OF-471（ОФ-471）（図3）は炸薬にTNTを使っており（含有率はテトリル70パーセント、TNT30パーセント）、（ОФ）は炸裂榴弾を意味している。この2種類の榴弾は、ともにRGM信管を使用していて、装甲目標、制止目標ともに使用できた。装甲目標に対しては、大口径砲の爆発の衝撃で目標の内部装甲が剥離し、その破片効果によって敵戦車の無力化が期待できた。装薬を表す（ЖН-471）に（Ж-471）が加えられているのは、BR-471用の装薬と区別するためである。

対決前夜
The Strategic Situation

戦略的防御を強いられたドイツ軍
GERMANY ON THE STRATEGIC DEFENSIVE

スターリングラードで枢軸軍が包囲殲滅されて以降、赤軍は2年にわたり間断のない戦略的攻勢を継続し、戦争で失った国土の大半を奪回しただけでなく、1939年以前に東ヨーロッパに引かれた国境線を越えて西進していた。アメリカの武器貸与法によるふんだんな供給物資、とりわけ輸送車両の支えがあり、赤軍は、常にドイツ軍を凌駕する兵員と兵器を集中して、攻勢予定地と攻撃発動のタイミングを自由に選ぶことができた。この間に赤軍上層部は「戦略的欺瞞」の能力を磨き、前線部隊は作戦経験を蓄積していたので、ドイツ軍はしばしば、不本意かつ不利な状況下でソ連の攻勢に立ち向かわざるを得なかった。そして戦線全体でソ連軍が優勢を確保しているように幻惑された結果、ドイツ軍首脳部は直面している脅威に対する優先順位の設定に迷い、前線部隊は退却を強いられるか、そうでなければ壊滅の危機に瀕するかを繰り返して兵力を消耗し、指揮統制が全体的に麻痺しはじめていた。

なかでも1944年夏にソ連軍が発動したバグラチオン作戦は、ドイツ軍を決定的に打ちのめし、中央軍集団を崩壊させた。赤軍の同年の夏季攻勢は、奪取したばかりのウクライナ西部を基点に、ルーマニア、ハンガリー、ポーランド南部に対して行なわれるに違いないと予想したヒトラーは、南方軍集団に装甲戦力を集中配置して待ち構えていたが、赤軍は完全にその裏をかいた。ソ連軍の夏季攻勢は、ヒトラーの予測よりずっと北の、ベラルーシ（白ロシア）解放を戦略目標として行なわれたのである。スターリングラードとクルスクで敗戦を重ねた結果、戦略的な主導権を喪失したドイツ軍の東方総軍は、土地を犠牲にして時間を稼ぎつつ、戦線を安定させるべく、強力な防御態勢の構築を急いでいた。しかし、ヒトラーのたび重なる介入が、ただでさえ困難な状況を一層厄介にした。ヒトラーは作戦の細部に口を出すだけでなく、経験豊かな現場指揮官の作戦指揮にさえ干渉を繰り返したのだ。国防軍最高司令官および陸軍総司令官の両方を兼任しているも同然のヒトラーの介入は、敗北や失敗を見通した将軍らの批判的意見を許さなかった。ドイツ軍参謀本部は、為政者が恣意的に軍事作戦に口出しするような事態を避け、軍事作戦の専門家集団して成立した組織であったが、今や有名無実化されていたのである [訳註15]。

ポーランドの喪失
THE LOSS OF POLAND

失敗に決して懲りないヒトラーは、バグラチオン作戦に続く赤軍の攻勢

訳註15：ドイツ参謀本部は、国家の最高指導者を軍事面で補佐する専門家集団として成立し、第1次世界大戦までは神話的な名声を勝ち得ていたが、第2次世界大戦勃発後はヒトラーによる軍事指導の誤謬を是正できず、暫時、その権限が縮小されていった。そして1944年7月20日のヒトラー暗殺未遂事件を契機に、装甲兵総監だったグデーリアン上級大将が参謀総長の兼任を命じられたが、参謀本部要員としての教育を受けていないグデーリアンがこの地位に就くこと自体が、参謀本部の存在が有名無実化していたことのなにより証拠となる。

は、東プロイセンとハンガリーの側面から行なわれるとの直感を信じ込んでいた。しかし東方外国軍課課長のラインハルト・ゲーレン少将は、これをはっきりと否定した。現状の軍事的情勢について陸軍情報部と共同研究を重ねたゲーレンは、ソビエトの主要戦略目標はベルリンおよび中央ヨーロッパの制圧であり、西側連合軍が有利な状況を作るよりも先にヨーロッパでの主導権を握ろうとしているのは明白であると結論したのだ。赤軍の配置からしても、この予想には疑いを挟む余地がなく、ゲーレンの分析は参謀総長のハインツ・グデーリアン上級大将を介してヒトラーの知るところとなった。ところがヒトラーは強く反発し、これを認めようとしなかった。赤軍の配置は、本来の意図を欺瞞するためのものであるというのが、表向き、ヒトラーの反駁の根拠であったが、実際は、ゲーレンの報告の仕方が気に入らず、また、客観的にドイツ軍には戦局を挽回する戦力を喪失して、戦争は敗北が不可避な最終局面にあるという、悲観的な分析結果を嫌っての怒りであった。結果として、ゲオルギィ・ジューコフ元帥の第1ベラルーシ方面軍と、イワン・コーニェフ元帥の第1ウクライナ方面軍は、予想よりもずっと小さな抵抗を受けただけで、作戦目標を達成してしまう。1945年1月中旬には、この2個方面軍は迅速にポーランドを蹂躙しただけでなく、シュターガルトからブレスラウ南方にかけてのオーデル川一帯にも小さいながらも複数の橋頭堡を獲得してしまったのである。

　赤軍によるポーランド蹂躙を阻止するために、グデーリアンは弱体化した中央軍集団を増強して、軍集団規模の守備戦力の編成を急いだ（間もなく北方軍集団に改称）。1月24日、ヒトラーはこの計画を承認したが、経験豊富な将官の代わりに、この任にハインリヒ・ヒムラー親衛隊全国指導者を据えた。「長きにわたるヒムラーの忠誠心と、類い希なる行政手腕、そして敢闘精神を持ってすれば、状況は間を置かず安定するに違いない」とヒトラーは自信満々に語っている。1944年7月20日に発生した、陸軍高級将校を主犯とするヒトラー暗殺未遂事件の結果、ヒムラーは武装SSを含む親衛隊組織全般の指揮権に加え、陸軍予備軍の指揮権も掌握していた。制度上、ヒムラーはこれらの人的資源を、軍事的課題より政治的課題を優先してもなお、望むように部署できる立場となった。ヒムラーはすでにオーバーライン軍集団司令官として、ヒトラー直属の軍集団を指揮を執り、コルマール周辺で米仏軍に対して実りのない攻勢を実施していた。この作戦に参加した古参兵士の大半は、ドイツ軍の危機がもっと別の場所で起こっていることを理解していたのだが。

　シュターガルト東部からの反撃を企図して、ドイツ軍増援部隊はシュテッティン経由で続々と集結し、新たにヴァイクセル（ヴィスワ）軍集団が編成された。その中には、孤立状態にあったラトヴィアのクールラントか

「折れ鼻」型の車体と狭い防盾を備えた初期型IS-2のマズルブレーキを整備している戦車兵。砲身内に五味や遺物が入るのを防ぐために、移動中は砲口カバーが装着された。砲塔の上に、女性兵士が立っている姿が確認できる。（DML）

ら引き抜かれ、ダンツィヒ南部のハマーシュタイン訓練場で再編成されたSS第III戦車軍団の姿もあった。ヒムラーの虎の子と呼ぶべき装甲戦力である。ヴァイクセル軍集団は、敵軍戦線からベルリンへの最短コースには配置されなかった。親衛隊全国指導者は配下に入れたばかりの部隊を、バルト海の海岸線と並行するように東西に広く配置して、ポンメルン全土を防衛するような構えを見せたのである。対するジューコフは、歩兵戦力比で3：1、戦車戦力比で5：1以上の優勢を確保している自信から、この「幽霊戦線」を一顧だにせず、ドイツの首都を目指して部隊を西進させたのであった。

　1月24日、コーニェフがオーデル川に迫る間に、ジューコフの部隊はポーゼン（ポズナニ）を包囲した。ポーゼンは重要な交通連結点であり、この都市にドイツ軍守備隊が居座ったままでは、ワルシャワ〜ベルリン間の補給に重大な支障が生じてしまう。ヒトラーが「要塞都市 [訳註16]」として指定したポーゼンは、いかなる犠牲を払ってでも最後まで抵抗を続けるよう厳命されており、戦線後方で少なからぬ敵軍を困難で犠牲が大きい陣地戦に誘引することは、軍事的観点からも、友軍の防衛作戦を大いに助けるものと見なされていた。本国を守ろうと奮闘する兵士の士気を鼓舞するために、住民を敢えて最前線に留めて、避難を許さないという措置まで実施されることがあった。このような苛酷な運命にさらされた都市住民の「命」を賭けて戦う兵士は、赤軍に包囲される危険の意味を承知していた。赤軍の残虐行為は、今やドイツ人だけでなく、ポーランド人やハンガリー人、解放された戦争捕虜など、ありとあらゆる人間を対象としていることが広

訳註16：1944年後半、東部戦線の戦場がロシアから離れて東ヨーロッパに移ると、ヒトラーは戦線の後退をくい止めるために、主要都市に対して「要塞都市宣言」を連発した。これは守備隊に都市を盾にして一歩も撤退を許さないという布告で、事実上の「死守命令」と同義である。スターリングラードでの赤軍の勝利を再現しようとのヒトラーの妄想があったとも言われるが、命令は果たされ、ブダペストやブレスラウなどでは激しい市街戦が行なわれた。しかし軍事的意義は小さく、市民や兵士の犠牲はもちろん、多くの歴史的建造物を含む市街地の破壊と荒廃をもたらす結果となった。

1945年1月28日から2月15日にかけて行なわれた赤軍のヴィッスラ川〜オーデル川渡河攻勢に続く、ポンメルン防衛戦の作戦概況。

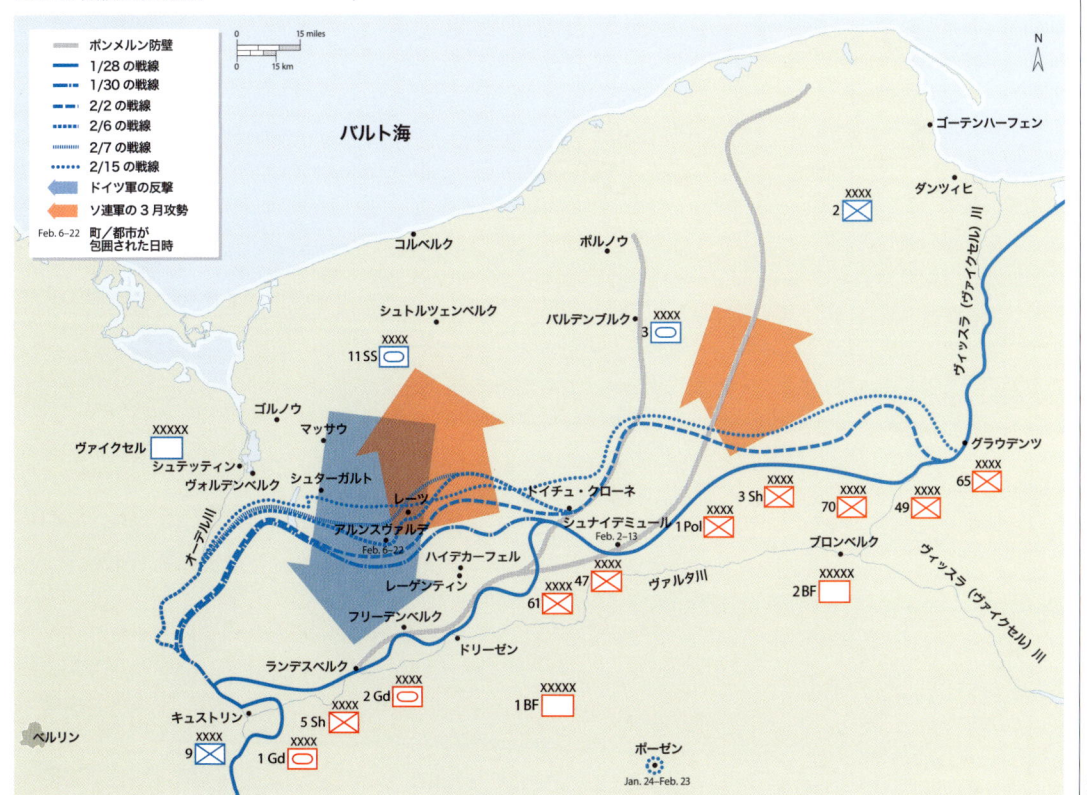

砲撃か空爆によって横転した1941年型T-34中戦車。爆発で生じた大きな孔には水が溜まっているのがわかる。(DML)

く認識されていた。一種の恐慌に掻き立てられた異常な興奮の中で、両軍とも、兵士に死ぬまで戦い抜くように金切り声を上げて要求していたが、例えばドイツ軍の戦線の背後では、野戦憲兵隊や熱狂的なヒトラー・ユーゲントをはじめとする、様々な組織が監視の目を光らせ、公式な移動許可証を携帯していない兵士などを、逃亡兵、敗北主義者と見なして処刑するような行為が横行していた。

　1月27日、赤軍戦車部隊の先鋒がノイヴェーデル付近でドラガ川を渡河し、ドイツのポンメルン防衛線が崩壊寸前にあることを、ソ連当局は内外に向けて報道した。ドイツ軍は重要な交差点にバリケードを設けて、陣地の構築を急いだが、歩兵部隊の重火器不足は深刻だった。補給部隊や軍の非戦闘要員さえ、前線任務に駆り出されたが、これは実質的にドイツ軍の兵站が破綻していたことを示唆している。急造中の戦線の背後は、西に向かう避難民でごった返していた。彼らは前進してくる赤軍に捕まらないうちに、少しでも安全と思われるオーデル川やエルベ川の対岸に逃れようとしていたのだ。地方政府も、大管区長官（ガウライター）[訳註17]をはじめとするナチス支配者の命令に背き、住民の命を救うために、人口密集地からの脱出を許可するか黙認していた。アルンスヴァルデやレーツ、シュテッティンの住民は、最前線の後退にともなって増加する難民の通過を献身的に助けようとしたが、サンドウィッチや一杯のコーヒーでは、家財を捨てて、着の身着のまま、手押し車に一抱えの荷物を積んだだけで逃げ出してきた同朋の苦境を慰めるにはささやかに過ぎた。避難民が利用できそうなトラックや汽車も手当たり次第に徴発されていたが、物資不足で褐炭を使用しなければならないために、汽車の運用効率は平時の60パーセントほどにまで低下していた。2月4日、赤軍がドイチュ・クローネとシューターガルトの連絡線を切断すると、アルンスヴァルデ地区での避難民の脱出支援作戦は実施できなくなった。

訳註17：国家社会主義ドイツ労働者党（ナチ党）は、発足当初から地方の最大組織として大管区（ガウ）を設置し、政権掌握後に併合した新領土には帝国大管区を設置したが、そのガウにおける最高指導者が、大管区長官と訳される「ガウライター」である。制度上は、ナチス地方組織を代表して地方自治を補佐する立場に過ぎなかったが、実質は大管区において軍事面も含むヒトラーの権力を代行する支配者であった。

野砲に直撃された1941年／42年型T-34中戦車。(NARA)

オーデル川での停滞
HALT AT THE ODER

　1944年12月、アルデンヌの森林地帯では、ノルマンディー上陸作戦を成功させて以来最大の試練が西側連合軍に襲いかかっていたが、東部戦線で実施された、ソ連軍のヴィスワ〜オーデル川渡河作戦は、進展の速さと規模の大きさから、兵站に大きな負荷となっていた。例えばセミョン・ボグダノフ中将の第2親衛戦車軍は戦車、自走砲838両をもってヴィスワ川付近から攻撃を開始したが、一日平均40kmのペースで進撃し、2月上旬にオーデル川に到達したときには、歩兵、戦車とも三分の一まですり減っていた。1944年後半を通じて、ソビエトの物資生産と輸送量は増加傾向にあった。口径76mm以上の野砲と重戦車、航空機の生産が最優先されていたが、これらの軍需物資や機材、とりわけ弾薬や燃料、エンジンオイル、潤滑油などの消耗品を、常に必要な時期と場所に集積しておけるかどうかとなると、これは生産力とは別問題である。しかも後退するドイツ軍が、赤軍の進撃に役立ちそうなインフラを破壊するという、一種の焦土作戦を進めていたこともあって、赤軍は廃墟の中に補給インフラを再構築しながら進撃しなければならなかったのである。

　それでもソ連軍の攻勢の結果、ドイツ軍は組織としてはほぼ崩壊状態に陥り、兵力不足もあって、ソビエトの指導者はこのままベルリンに直行するか、あるいは兵站の構築を急ぐか、どちらかを選ぶことができた。もちろん後者を選べば、ドイツ軍に防衛線を強化する時間を与えることになる。かといって、間を置かずにオーデル川を渡ったとしても、ジューコフの先鋒となる第1、第2親衛戦車軍が包囲される危険性も無視できない。そうでなくても、例えばスターリングラード陥落直後に発した大攻勢が、エリッヒ・フォン・マンシュタイン元帥によって叩きつぶされたり [訳註18]、1920年にワルシャワ前面で大崩壊を起こしたりと [訳註19]、赤軍には勢いに乗った攻勢に伴う失敗の経験が多い。

　1月26日と27日、ジューコフとコーニェフはそれぞれベルリン攻略に向けた作戦計画をスタフカ（赤軍最高司令部）に提出した。ジューコフの計画は、ベルリンを奇襲攻撃で一気呵成に奪取するという内容であり、一方のコーニェフは、ブレスラウのある南方に向けて鋭く突破し、二本の腕で敵の首都を大きく包囲しようという作戦を提案していた。ともに作戦開始は2月1日前後を予定している。スターリンはコーニェフ案を採用し、赤軍前線部隊は急ぎ再編成に取り掛かった。2月4日から8日の間にオーデル川西岸を制圧し、同15日までにベルリンを占領するというのが、作戦のタイムスケジュールである。計画が具体化していく中で、ドイツ軍はシュヴェット〜シュターガルト〜ノイシュテッティンの線を強化してシュテッティンおよびポンメルン沿岸部の防御態勢を固める一方で、増援部隊はベルリン東部に投入されて、赤軍が想定している最短攻撃進路を阻止するだろうと、ジューコフは予測していた。そこで、第5打撃軍、第8親衛軍、第33軍、第69軍をオーデル川西岸に配置して、橋頭堡の守りを固め、予測される事態に備えたのである。一方で戦線の北側を守備するために、ジューコフは第1ポーランド軍、第47軍、第61軍、第2親衛戦車軍をファルケンブルク〜シュターガルト〜アルトダム〜オーデル川の線に配置していた。

訳註18：1943年2月から3月にかけて、スターリングラードの勝利に勢いづいたソ連軍は、ヴォロネジ方面軍と南西方面軍を押し立てて、ドイツ南方軍集団をドニエプル川で戦略的包囲しようと目論み、ハリコフの奪回に成功した。しかし、マンシュタイン元帥はソ連軍の補給線が延びきった頃合いを見て「後ろ手からの一撃」と呼ばれる反撃を成功させ、逆にソ連軍の南翼を粉砕した。この戦いは第3次ハリコフ攻防戦と呼ばれる。

訳註19：1918年11月に発足したポーランド共和国は、1920年4月に内戦中のロシアに侵攻して、キエフを占領した（ロシア＝ポーランド戦争）。これに対し、西部方面軍司令官に任命されたトハチェフスキーは効果的な反撃に出て、7月には占領地の奪回に成功する。8月中旬にはワルシャワまで30kmほどに迫ったが、南翼を固める南西方面軍との協調に失敗し、その間隙をポーランド軍の反撃で突かれて逆に崩壊し、赤軍は敗北を喫した。

1940年フランスで撮影されたハインツ・グデーリアン。この時は装甲兵大将として第XIX戦車軍団を率いていた（士官が携えている軍刀の柄頭に注目）。あとに続いているのが軍団参謀長のヴァルター・ネーリング大佐。第1次世界大戦で拝領した鉄十字章が胸の辺りに確認できる。（DML）

その間に、アルンスヴェルデを目標とした第61軍の攻撃も、ダンツィヒ攻略にかかっていたロコソフスキーの第2ベラルーシ方面軍のどちらも、ドイツ軍の抵抗に遭って、遅々として進んでいなかった。結果として、二つの軍の間には100km近い空白地帯が形成されてしまったので、ジューコフがこれを塞ぐために前進した。2月1日、ジューコフは第214号命令を発したが、その中で第2親衛戦車軍はオーデル川作戦の参加部隊から外されて予備となり、休息と再編成を命じられた。ランツベルクからシュナイデミュールにかけての線で、北からの脅威に備えるよう命じられたのである。キュストリンとナイセ川の間に布陣した他の赤軍戦車部隊は、歩兵部隊と等間隔を保ちつつ、来るべきベルリン進撃作戦に備えて部隊の整備を急いでいた。

　数週間も続いていた厳冬は、2月上旬になると、一時的に春を思わせる陽気へと変化していた。しかし氷雨やみぞれは部隊の移動を妨げただけでなく、地上支援機用の前進飛行場の設置作業の妨害もした。融雪水を得たオーデル川の水かさは日を追って増し、川幅が6kmにも達したこともあって、渡河作戦用に充分な機材を持っていたつもりの赤軍の自信も、予想されるドイツ軍の抵抗と考え合わせると、不充分ではないかという恐れが現実味を帯び始めていた。2月5日、第61軍が燃料不足を押してジューコフの右翼にできた空隙を塞ごうともがいたが、司令部要員と戦闘車両だけしか予定の配置ができなかった。それから3日後にコーニェフ麾下の部隊がオーデル川橋頭堡から攻撃を開始すると、これ以上後退できる余地を失っていたドイツ軍は、強力な反撃に出る必要に迫られたのであった。

■ドイツ軍の作戦準備
GERMAN PREPARATIONS

　2年以上も続く後退戦と軍事的損失に苦しんでいたドイツ軍だが、その一方で補給線が短縮されたことと、軍需大臣アルベルト・シュペーアが主導した軍需生産管理の導入が奏効して、劣勢に陥っていた東部戦線で限定的な反撃に出ることが可能になっていた。1月20日から2月12日にかけての期間、ドイツ海軍(クリークスマリーネ)と100隻を超える輸送船団は、迫り来る赤軍による虐殺の脅威に直面したバルト海沿岸地域一帯から、37万4,000名の避難民と数千の負傷兵を救い出した。救出された中で前線に立てる部隊は、バルト海沿岸の要衝コルベルクとその周辺を目指すと予想された第2親衛戦車軍の攻撃に備えて、ポンメルン防衛に順次投入された。一方の赤軍は、ドイツ第2軍をヴァイクセル軍集団から切り離して孤立させるべく、ポンメルン防衛線を無力化して、ダンツィヒとシュテッティンの間でドイツ軍を東西に分断しようと企てた。

　2月上旬、オーデル川西岸に橋頭堡を広げつつある赤軍をどうにか撃退する方策に、グデーリアンは頭を悩ませていた。手をこまねいていると、増援の到着によって橋頭堡の防備が強化されてしまうからだ。手持ちの兵力を使えば、キュストリン橋頭堡の部隊と南方の第6SS戦車軍が右腕となり、シュターガルト方面からの攻勢とタイミングを合わせて、敵橋頭堡を根本から刈り取れるのではという望みが持てた。限定的とはいえ、二方向からなる反撃の腕がランツベルク周辺で手を握ることができれば、ジューコフが企図している西進作戦は足場を失うだろう。そうして得た貴重な時

1945年初春にキュストリン近郊の戦線で第8親衛重戦車連隊長を務めていたピョートル・ムジャーチン中佐。彼は大祖国戦争勲章と赤星勲章（複数）、赤旗勲章を着用している。（Mikhail Zharkoy氏所有）

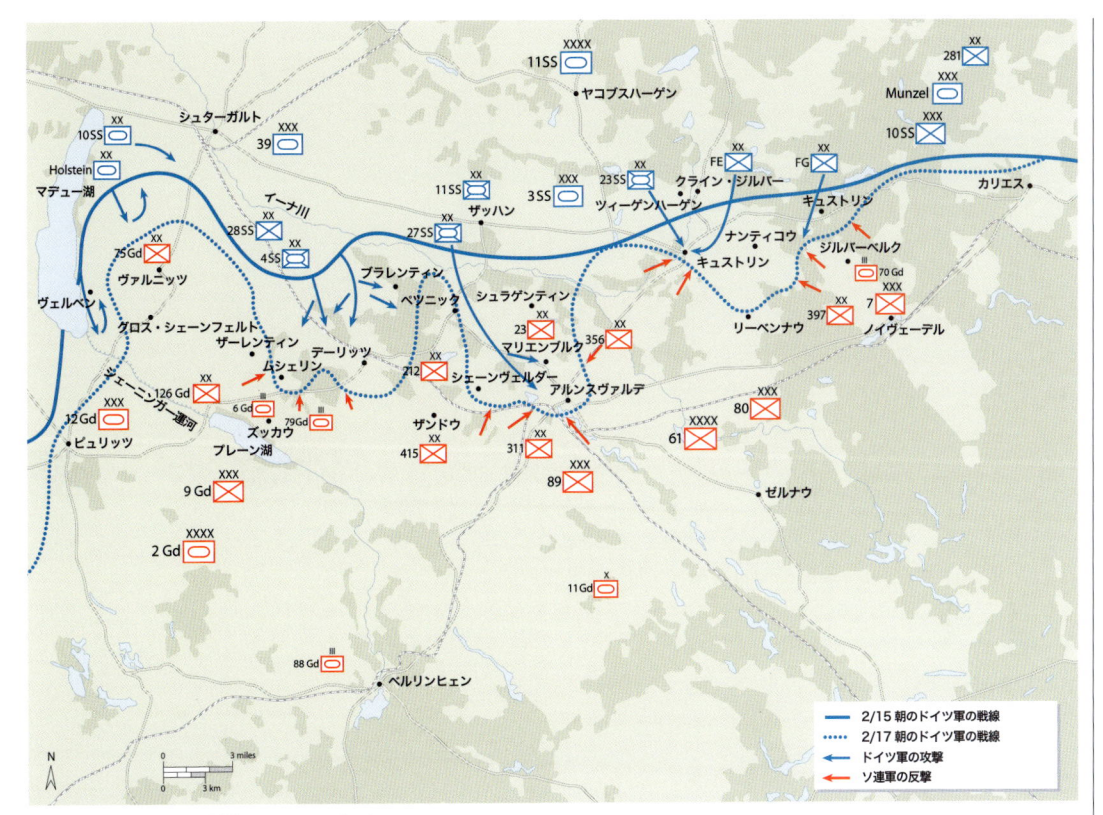

「冬至作戦」開始時の戦術的状況。2月15日の作戦発動時から2日間の戦線の動きと、赤軍の抵抗も同時に示している。

間を使ってベルリンの防備を強化し、場合によっては休戦の足がかりを作れるかも知れない。しかし、このような反撃を成功させるには兵力が必要だ。グデーリアンは、もはや戦局を有利にする要素が失われていると思われるクールラント、イタリア、ノルウェー、バルカン半島から兵力を引き抜き、彼らを最優先課題であるベルリン防衛に振り向けるべく、関係方面への説得を急いだが、ヒトラーはそのような許可を一切与えなかった。西部戦線でのアルデンヌ攻勢を終えたばかりのSS第6戦車軍も、油田奪回のためにハンガリーに送られていた。結果として、二本の攻勢軸による反撃作戦の可能性は潰え、グデーリアンは北方戦線に残された手持ち戦力でも可能な、小規模な作戦に切り換えるほかなかった。

　陸軍がオーデル川、ナイセ川沿いに設けられた新たな防御拠点に布陣を急ぐ間に、ドイツ空軍(ルフトヴァッフェ)も支援準備に入っていた。この戦区を担当する第6航空艦隊は、1月6日の時点では作戦機364機を有するだけであったが、2月3日までには戦闘機、爆撃機、輸送機、偵察機など合計1,838機の規模まで強化されていた。オーデル川東岸への作戦飛行回数も、2月1日には2,409回、2日には1,805回、3日には1,995回と増加傾向にあった。こうしてかき集めた戦力を、グデーリアンは奇襲攻撃に使おうと考えていたが、ジューコフはVNOS（航空偵察警戒連絡課）の力を借りるまでもなく、ドイツ空軍の動きが活発になっている事実から、反攻作戦が近づいていることを察知していた。作戦発動の時期と場所は判然としないが、ジューコフは計画通りに部隊配置する一方で、敵の反攻作戦を受け止める準備を進めていたのである。

冬至作戦
OPERATION SONNENWENDE

　1945年にドイツ軍が直面していた軍事的状況の混乱を見れば、第3戦車軍から3個師団半相当の戦力を引き抜き、それとは別に再編中の戦車師団2個をかき集めて攻撃軍の体裁を整えたグデーリアンの手腕には驚くべきであろう。これらの部隊は実質は軍団規模であったが、ヒトラーの命令によりSS第11戦車軍として編成され、フェリクス・シュタイナーSS大将に指揮されることが決まった。戦前にはドイツ国軍の士官として勤務し、大戦勃発以降は多国籍部隊であるSS第5戦車師団「ヴァイキング」の師団長として辣腕を振るったシュタイナーは、末期戦における大胆な反攻作戦を指揮するにはうってつけの人材であった。

　2月8日、スターリンは何の前触れもなく、発動命令を待つだけとなっていたベルリン攻略作戦を中止してしまい、代わりにロコソフスキーの第2ベラルーシ方面軍にポンメルン掃討作戦の実施を命じた。補給不足は解消せず、目下包囲中の敵「要塞都市」の存在も気になる材料ではあったが、スターリンは、政治的判断からこの方面での作戦成功を強く望んでいたのである。ヒトラー最後の大博打として発動したアルデンヌ攻勢で痛手を負った西側連合軍は、爾来6週間にわたりローエル川と（連合軍ではジークフリート線と呼んでいた）西方要塞を前に足踏みをしていた。ようやく2月には、アイゼンハワーの軍隊はドイツ本国への進撃再開の動きを見せていたが、その矛先は、スターリンが密かに占拠しようと考えていたベルリン方面には、当分は向かって来ないことが判明していたのである。

　一方のドイツ軍では、食料や弾薬、燃料の集積に8日ほどの時間を費やしたのち、グデーリアンが立案した反撃作戦が動き始めた。2月10日の時点で作戦に投入される戦力は、当初から要求していた戦力の半分にも満たなかった。第3戦車軍の集結の遅れもあり、作戦発動は22日に予定された。ソ連第61軍の戦線を突破してキュストリン〜ランツベルクの線まで前進し、第2親衛戦車軍を粉砕するという、楽観的に過ぎる作戦に投入されるSS第11戦車軍は、第XXXIX戦車軍団、SS第III戦車軍団、SS第X軍団を擁して、すでに準備を整えていた。フェリクス・シュタイナーは増援を最大限利用して戦力を整えていたが、そのうち少なからぬ戦力が、前線で活発な動きを見せる赤軍への対処と攻撃進発点の維持に割かれていたのは不吉な兆候だった。

　2月13日、グデーリアンはヒトラーとの会談の場で、ロコソフスキーの第2ベラルーシ方面軍がダンツィヒの孤立を導く動きを見せている脅威に鑑みて、SS第11戦車軍による攻勢を、赤軍の注意を引きつけて消耗を強いるのを主眼とした、2日間限定の作戦に切り換えるべきであると提案した。充分な補給物資を集積したにもかかわらず、作戦規模が縮小していくのを見て、ヒトラーとヒムラーは落胆の色を隠せなかったが、グデーリアンは作戦開始日時の変更を勝ち取った。作戦の主導権を獲得して、現状ではこれ以上ないほどの成功の前提を整えたグデーリアンは、彼の若き——しかし豊富な経験と実績に裏付けられた——優秀な後継者であるヴァルター・ヴェンク中将を、この作戦の責任者に任命した。当初は「無鉄砲」と呼ばれていた作戦暗号は、間もなく「冬至」作戦に名称変更されたのである。

戦車兵
The Combatants

ドイツ軍
THE GERMANS

　1942年8月にティーガーⅠ重戦車が東部戦線に実戦配備されて以来、独立編制の重戦車大隊に45両の定数で配備された重量57トンの怪物は、他に比類のない戦場の支配者だった。元来は、ドイツ軍が重視していた電撃戦において、決定的な突破の成功を約束する攻撃兵器として開発された戦車であったが、1943年中盤以降になると、重戦車大隊は予備に置かれ、危機に陥った戦区に対する「火消し役」として投入される場面が増えるようになる。試験や訓練、あるいは戦場の要請に応じて陸軍や武装親衛隊の特定の師団に中隊レベルで分割配備されるような例外はあるが、ティーガーⅠないしティーガーⅡを装備した重戦車大隊は、原則として軍団ないし軍レベルの直属部隊として扱われた。戦争を通じて、陸軍内には10個の重戦車大隊が編成されて、北アフリカやイタリア、ヨーロッパ北西部、そして東部戦線と、各地に投入された。1943年春以降は、武装親衛隊にも4個の重戦車大隊が創隊され、そのうちSS第101、SS第102、SS第103重戦車大隊は、それぞれ第Ⅰから第ⅢのSS戦車軍団直属部隊として割り当てられた。

　最初の重戦車大隊はティーガーⅠ重戦車20両と、Ⅲ号戦車16両を有する2個中隊編制の独立部隊として発足した。各中隊は4個小隊で構成されるが、それとは別に中隊長用に1両、大隊司令部用に2両のティーガーⅠが割り当てられていた。その後、ティーガーⅠないしティーガーⅡの量産が軌道に乗ると、重戦車大隊に仮配備されていたⅢ号戦車は姿を消すことになる。1944年11月1日には、重戦車大隊は最後となる戦力定数指標表（K.St.N）[訳註20] が、本部及び本部中隊K.St.N1107、重戦車中隊K.St.N1176、補給中隊K.St.N1151b、修理中隊K.St.N1187bとして制定された。

訳註20：Kriegsstärkenachweisungenの略号。ドイツ陸軍は、あらゆる部隊について、中隊をベースに兵員、装備、車両などの定数を決めて、歩合の充足度の指標としていた。

・訓練

　陸軍、武装親衛隊ともに、徴集兵はまず数ヶ月間の歩兵基礎訓練を受ける。訓練内容は非常に厳しく、戦争初期には約三分の一の訓練兵がここで脱落した。訓練では肉体の鍛錬、小火器操作技術のほかに政治教育も重視された。基礎訓練が終了すると、士官候補生や整備兵、あるいは戦車兵養成コースといった、個々の専門訓練に移る。戦車兵になろうとするならば、当然、機械や工学面の技術に習熟することが求められるので、国内の戦車工場勤務も訓練の一環として重視された。戦車兵はまず各々に割り当てられた職掌に明るくなることが求められたが、とりわけ車長、砲手、装填手の連携と相互理解は重要であった。彼ら三者の密接な関係が、戦場での脅

ドイツ占領地で使用された武装親衛隊の勧誘ポスター。ロシア共産主義に対するヨーロッパの団結をモチーフとしている。過去の歴史的、民族的英雄の偉業を、現在進行形の戦争に結びつけるような印象操作が行なわれている。（webサイトより）

威に迅速に対応する決め手になるからだ。

　陸軍は本来、士官とそれ以外の兵士の違いを厳しく明確化する組織である。しかし戦車兵の場合、士官候補生と下士官は一緒に訓練を受ける機会が多い。この二つの集団の間に生まれる戦友意識は、戦車兵として好ましい効果を生むと期待されていたからだ。また、武装親衛隊では隊員相互の信頼関係を促進し、上官に対して位階の前に"Herr"の敬称を付けて呼ぶ伝統を陸軍から受け継がなかったことから、士官と兵士はより親密な空気の中にあったといえるだろう。1943年以降は、ヨーロッパ文明を共産主義の脅威から守るために戦うという動機から、武装親衛隊に外国人義勇兵（北方ゲルマン系のノルマン人が望まれたが、それ以外の民族出身者も多かった）の入隊が増加した。ヒトラーは、これらの外国人志願兵を「大ゲルマニア」統合の理念を広める契機とする願望を抱いたが、スウェーデン、ノルウェー、オランダ、フランスなど、実際は出身国や地域でまとめられた部隊がいくつも創隊された。

　ティーガーⅡの戦車兵には優れた即断即決の能力が求められる。ひとたび戦場に投入されたら、彼らはまず地形をすばやく観察して、遮蔽と車体

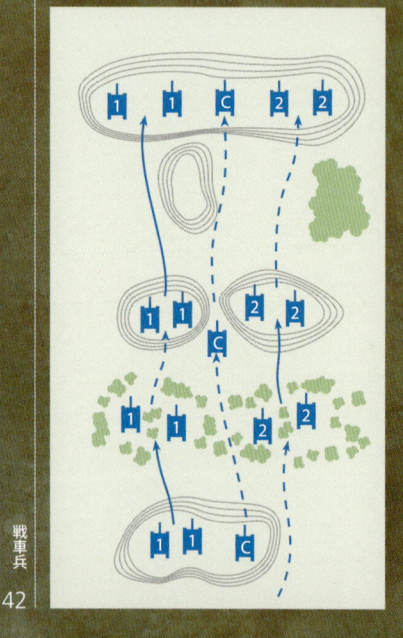

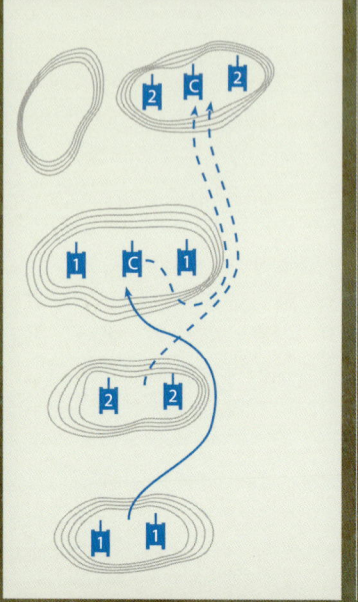

ティーガーⅡが大隊規模で投入されることは稀であり、ティーガーⅡの戦車小隊（4両と小隊長車）は二通りの方法で攻撃を実施した。「尺取り虫」方法（左）は2両ずつの班が併走して目標地点まで前進するので、全車両の火力を集中できる利点がある。「馬跳び」方法（右）は、2両ずつの班が互いに掩護しながら交互に前進する。「馬跳び」は制御が困難なのが欠点だが、躍進距離が大きいので素早い前進が可能である。小隊長車（C）は2つの班の間を前進しつつ、移動や友軍の支援部隊の調整を行なう。

戦車兵

42

SS第503重戦車大隊の戦闘序列（1945年1月29日）
※下線の数字は実際の配備数で、戦力定数指標表と比較している。

大隊長：フリードリヒ（フリッツ）・ヘルツィヒSS少佐
戦車装備数および大隊兵員数：45両／39両（832名）

司令部中隊および司令部要員（171名）
中隊戦車3両／1両
偵察、工兵、対空各小隊

第1戦車中隊：14両／13両（87名）
司令部中隊戦車：2両／1両（17名）
第1〜第3小隊：各4両（計60名）
交代要員（10名）

第2戦車中隊：14両／13両（87名）
司令部中隊戦車：2両／1両（17名）
第1〜第3小隊：各4両（計60名）
交代要員（10名）

第3戦車中隊：14両／12両（87名）
司令部中隊戦車：2両／1両（17名）
第1〜第2小隊：各4両、第3小隊：3両（計55名）
交代要員（10名）

補給中隊（258名）
中隊司令部、整備、修理班、野戦病院、燃料、武器弾薬班

整備中隊（142名）
中隊司令部、野戦工廠、（武器）整備班、通信装置整備班、部品整備班、補給段列

　の防御に適した場所を見つけ出さなければならない。最優先の攻撃目標は、敵の戦車と対戦車砲であり、敵に数で圧倒されている場合は、戦車同士の相互の連携で散開と再集結を繰り返し、有利なポジションを占めながら戦う。敵戦車を視認したら、まずティーガーIIは停車して奇襲効果を得られるかどうか判断し、攻撃を実施する前に敵の反撃の可能性を見積もらなければならない。性急な射撃は慎むべきであり、最大限の火力を叩き込むためにも、可能な限り敵戦車群に対して単独で戦闘を仕掛けずに済むように心がけていた。

　人的、物的資源や戦略的状況を考慮すると、1945年のドイツにはもはや、政治的にも軍事的にも、自ら和平交渉を持ちかける材料は残っていなかった。そして他の戦車部隊と同じように、SS第503重戦車大隊も、装備不足から国内外の二線級戦車を使って訓練する機会が多くなった。前線需要の逼迫もあり、ティーガーのような最新兵器には、編成中の大隊の定数充足よりも前線配備が優先されたのである。「ティーガー・フィーベル（ティーガーIの操作・運用マニュアルで、ティーガーIIにも応用できた）」には、重戦車大隊のティーガーがどのような作戦行動と役割を期待されているかという点について、いくつかの指針を明確にしている。しかし現実には、ある程度の逸脱は避けられないので、車長や指揮官の判断に拠る場面も多かった。この負担を軽減するために、大隊と上級司令部間の迅速な通信や意思決定が重視された。重戦車大隊が投入されるのは、その戦区において最も危機に瀕している場所というのが通例であり、なにより即断即決が重要だったのである。また目立たない働きではあるが、重戦車大隊が向かう先の橋梁を強化し、地雷原を掃討しておく工兵も、作戦の成功を左右する重要な存在であった。

・**戦術**
　1941年時点の、戦車中隊に関して言及している陸軍服務規程470/4では、戦車戦闘については、まず攻撃をモットーとし、防御戦はほとんど考慮されていなかった。これは他の兵科の服務規程を見ても、そう大きく内容は変わらない。敢えて防御戦に関する記述を探すとすれば、待ち伏せと反撃

を行ないやすい地形を探す方法に関する部分くらいだろう。戦車連隊および戦車大隊は、攻勢時にその真価を発揮するという考えが大前提にあった。例えば、まず第一に「遭遇戦」においては、中隊規模の前衛戦車部隊が敵を奇襲して、戦術的な要地を確保することが重視された。「機動攻撃」では、ブライトカイルと呼ばれる隊形が用いられた（幅広の楔という意味で、2個小隊が一定の幅をとって並進し、その後ろを別の1個小隊が追随して支援する形が、真上から見ると逆三角形に見えた）。友軍の支援がすぐには期待できない状況下での迅速な行動に有効と見なされたのである。最後に「計画的攻撃」では、敵の防御陣地に対する完全編制部隊での攻撃を提示している。

　陸軍による効果的な訓練と規律を叩き込まれた兵士を存分に使うことができた指揮官たちは、かなり複雑な戦術や、小部隊による効果的な作戦を実施することができた。作戦目標とその意図を伝えるだけで、あとは戦場で起こる変化に対処しつつ、指揮官は作戦指揮に集中することが可能であったのだ。時宜を得た相互の情報や安全確保、行軍の精度、そして確実な通信など、戦場での勝利にとりわけ重要なこれらの要素が満たされれば、戦車戦闘の理想は最大限具現化できたと言えるだろう。

　ティーガーⅠが戦場に姿を現した1942年11月の時点では、重戦車大隊が戦場で見せる作戦、戦術能力はもっぱら経験豊富な戦車兵の手によって改良されてきたものであった。1944年に入ってティーガーⅡの実戦配備が始まる頃には、一層洗練された戦闘原則が確立し、諸兵科との連携を前提に、戦場で起こる様々な不測の事態に対処できるようになっていた。公式には、戦車4両からなる戦車小隊は、縦隊（小隊長車を最後尾とする縦列）、横隊（3両が横一列に並び、中央のやや後ろに小隊長車が着く）、縦横隊（2両の横列が前後に展開）、楔形の4種類の隊形をとるように指示されていたが、地形や戦況、指揮官の経験や判断によって、以上の「パレード」のような隊形維持はそれほど重視されていなかった。

・SS第503重戦車大隊

　1943年4月15日、SS第5装甲擲弾兵師団「ヴィーキング」と、SS第11義勇装甲擲弾兵師団「ノルトラント」を中核として、SS第Ⅲ戦車軍団が編成された。その10週間ほどのち、「ノルトラント」のSS第11戦車連隊（2個大隊）はベルリン南西にあるグラーフェンヴェーアにてティーガーⅠへの転換訓練を終了し、次いで3ヶ月の時間をかけて、一部の兵士は軍団任務に帯同してクロアチアでの対パルチザン戦闘や、9月に降伏したイタリア軍の武装解除に従事した。1943年11月1日には、SS第11戦車連隊第Ⅱ大隊がSS第103重戦車大隊として再編され、直ちにオランダのヴェゼップ訓練場、次いでドイツ北西部のパーダーボルン訓練場へと送られた。ノルマンディー上陸作戦の直前の1944年中期には、訓練を受けた兵員をSS第101、SS第102重戦車大隊に補充として送るよう命じられている。それから数ヶ月の間、SS第103重戦車大隊（1944年11月14日にSS第503重戦車大隊に改称された）は、新兵の補充を受けて訓練に入り、1944年10月19日からティーガーⅡの配備を受けたのである。

ソ連軍
THE SOVIETS

　他の軍事大国と同様に、1930年代のソ連でも軽戦車、中戦車、重戦車の組み合わせの最適化について、様々な研究が進められていた。そしてドイツ国軍(ライヒスヴェーア)との協力関係で得た技術や、1939年のノモンハン事件とポーランド侵攻、および1940年にかけての冬期に行なわれたフィンランドとの冬戦争での経験などから、戦術的任務や重量ともに多種多様な戦車を戦場に投入するという方向性は見直された。そのような混沌とした編制の戦車部隊は、大抵の指揮官にとっては巨大で扱いにくく、指揮統制の観点からは不都合が多いうえ、補給も煩雑になるばかりであった。このような戦車性能のばらつきを正すために、走攻守のバランスと信頼性に優れたT-34を中核とする戦車部隊が編成されるようになった。KV-1のような重装甲、重武装の「突破戦車」は、過重量と機械的信頼性の低さが祟って、血を分けた存在であるはずのT-34に、戦場で追随できなかった。結果として、KV-1重戦車は、歩兵支援に特化した独立戦車連隊にまとめられてしまったのである。

　1944年2月、赤軍は重戦車連隊のIS-2重戦車への換装に着手し、これを終えた部隊に順次「親衛」の称号を加えていった。従来、この称号は実際の武勲を称えて与えられるものであり、装備や待遇で他の部隊に優遇される特権があった。しかしIS-2を装備した重戦車連隊は、最初から「親衛」の称号を得て、優遇されたのである。もっとも、それは激戦に投入されることをあらかじめ宣言しているとも言える。この重戦車連隊の編成過程で、KV-1やKV-85、イギリスからの武器貸与で得たチャーチル戦車など、もはや突破任務には向かず、戦闘に投入しても損害ばかりかさむ時代遅れの戦車は暫時姿を消していった。T-34戦車は、敵の側面や後方に迅速に浸透する役割を中心に、攻勢時の主力という立場を強化していた。そして「縦深戦闘理論」という赤軍の軍事原則を具体化していく中で、IS-2重戦車は緒戦で敵戦線に突進していく際に突破口をこじ開ける役割を期待されたので

アメリカ陸軍の物資集積場には様々な装備品が集められていた。写真にはIS-2の砲身と防盾（TSh-17照準眼鏡の付近が破損している）、徹甲榴弾BR-471が確認できる。台の上に置かれているのは、米国製3.5インチM20ロケットランチャー（いわゆるスーパー・バズーカ）で、他には88mm高射砲や、37mm高射機関砲Flak43が確認できる。（DML）

第88親衛重戦車連隊の士官一同（左から3番目がムジャーチン）。1945年初春、キュストリン近郊で撮影。写真のIS-2はヴィッスラ川渡河作戦以降、激戦の中を生き残った2両のうちの1両である。羊毛製の帽子をかぶった士官の姿が目を惹く。（Mikhail Zharkoy氏所有）

あった。友軍主力が追随してくるまでの間、交差点や橋梁などの交通の要衝を確保し続け、さらに次の目標を求めて前進するか、あるいは修理と整備を兼ねていったん後方で予備になるか、その後のことは状況に応じて判断される。

　戦時中に、123個の親衛重戦車連隊が創隊されたが、そのうち58個連隊がIS-2を装備した。KV-1のような旧型装備の連隊は解隊されるか、再編成の対象となった。また9個の親衛重戦車旅団にIS-2装備の重戦車連隊が割り当てられている。実際は、旅団に加えられた連隊が単独で任務に投入されることも多く、自走砲部隊と轡を並べて、頑強に抵抗する敵拠点制圧に向かう歩兵の支援に当たったのである。

・訓練
　スターリンが手を染めた赤軍大粛清で、有能な士官を中心に4万3,000名が処刑された影響で弱体化していた赤軍は、独ソ戦が始まった直後から、兵士、装備の両面で破滅的な損害を被った。経験豊富な士官の指導がない状況で、新部隊を創隊しなければならなかったので、新編の連隊では不完全な訓練しか実施されていなかったのだ。前線指揮官は、厳密に定められた軍事原則からの逸脱を理由に処罰されるのを恐れるあまり、戦場での変化に対応する際も、創造性や即断即決の正しさを信じる代わりに、あらかじめ定められた夢想的な命令をただ墨守して、無駄な損害を重ねた。このような組織的硬直の弊害は訓練にも現れた。下士官以下の兵士が見せる迅速な判断によって救われる場面は少なくなかったが、基本的に、ソ連軍の指揮系統は予見していない状況下での遭遇戦には適切に対処できなかったのである。

　2人用砲塔を採用したT-34やKV-1では、車長が装填手を兼任しなければならなかったが、IS-2では、砲塔の内部容積を大きく取って、3人用に改めていた。「イオーシフ・スターリン」すなわちIS戦車には2名の士官（車長と操縦手）と、2名の下士官（砲手と装填手兼整備士）が乗り組んでいた。重戦車は常に危険な任務に投入されるので、士官の数に冗長性を持たせ、任務中に戦車が行動不能になる可能性を減らそうとする配慮である。

　IS-2に配属される士官は、ウリヤノフスク、サラトフ、ゴーリキーをはじめ、各地にある戦車学校の卒業生であり、IS-2の操作はチェリャビンス

ボリス・ロマノヴィッチ・エレメーエフ大佐

　1903年12月23日、西ウクライナのミュカロコーヴェの村で、小作農の家庭に生を受けた。21歳になったボリスは、ウマーニ職業技術学校で農業について学んだが、卒業後の1925年に赤軍に編入された。3年後、士官養成を主とするフルンゼ軍事大学を卒業したエレメーエフは、士官としての前提条件を満たすために共産党に入党した。

　大祖国戦争が始まると、エレメーエフ少佐は第33戦車連隊の参謀として前線に赴いた。1942年のドイツ軍夏季攻勢ののち、7月7日から9月20日にかけては、第XVIII戦車軍団参謀長としてスターリングラード北方で戦い、3ヶ月後には同市の包囲戦に携わった。同時期のドイツ軍戦車師団と比較すると、ソ連軍の戦車軍団はやや見劣りする部隊であったが、工兵や自動車化歩兵、高射砲を編制に加え、KV-1やT-34、T-70軽戦車など約150両の装甲戦闘車両を有する快速部隊として生まれ変わりつつあり、1941年の開戦時とは比べものにならない強力な部隊に変貌しはじめていた。1943年2月22日、エレメーエフはマンシュタインの「後手からの一撃」で壊滅状態になった第XVIII戦車軍団麾下の第107戦車旅団長に昇進した。

　チタデレ作戦を含む、3月18日21から9月21日にかけての期間には、エレメーエフは第XXX「ウラル義勇兵」戦車軍団の参謀長を務めた。そして同年10月23日までチェリャビンスクで第244戦車旅団を指揮し、続く4ヶ月間は、同じくチェリャビンスクで同旅団が第63親衛戦車旅団になるまでの創隊作業に携わった。そして1944年3月28日に第11親衛重戦車旅団長に任命され、1945年5月にヨーロッパでの戦争が終わる日まで、この地位に留まったのである。エレメーエフは、コヴノのドイツ軍守備隊を撃破した功績により赤旗勲章を授与され、のちにレーニン勲章が追加された。1945年5月31日にはベルリン市街戦の功績から、ソ連邦英雄として金星勲章を授与された。その6週間後には戦車軍少将に昇進し、1948年には軍事参謀大学の高級軍人養成コースを修了した。そして退役するまでの9年間を軍務に捧げたのである。1995年3月21日、エレメーエフはキエフにて死去した。

第11重戦車旅団長ボリス・ロマノヴィッチ・エレメーエフ。「冬至作戦」発動時は大佐であり、写真は戦後、戦車軍少将の時に撮影されたもの。ずらっと並ぶ勲章や戦役徽章の一番上に、ソ連邦英雄であることを示す金星勲章が輝いている。（Igor Serdukov氏所有）

クやサリカムスクの戦車学校で学ぶことになっていた。1943年5月からは、約1年間（場合によっては8ヶ月）の教育課程が定められ、修了後は中尉に任命された。連隊や旅団の上級士官は、J.V.スターリン名称WPRA機械化・自動車化計画アカデミー（R.Ya.マリノフスキー名称装甲戦車兵軍事アカデミーの前身）に派遣され、その先には昇進と、士官グループに所属する特権享受の機会が待っていた。

　下士官の教育と訓練期間はざっと3ヶ月ほどであり、この間にIS-2に特化した装塡、照準、主砲操作、砲弾の取り扱い、無線操作方法をはじめとする専門技術と知識を身につけた。戦術研究はチェリャビンスクの第30および第33戦車連隊に委ねられた。これらの連隊は様々な自然、人工地形や障害地形における戦車の運用を、夜戦も想定して研究しながら、同時に操縦手を育成した（理想に比較すると訓練期間は短すぎた）。訓練兵の大半は戦車戦の経験がないのが当たり前なので、訓練の最終段階になると、訓練兵はチェリャビンスクの第7戦車訓練旅団に送られ、そこで連隊や旅団で必要とされる教育を受けた。そして、戦車組み立て工場から完成したばかりのIS-2重戦車を委ねられたあと、楽団の演奏に送られるようにして前線へと赴くのである。

・戦術

　赤軍の戦車戦術は、第1次世界大戦（1914～18年）のさなか、1916年に行なわれたブルシーロフ攻勢 [訳註21] や、ロシア内戦（1917～21年）、ロシア＝ポーランド戦争（1919～20年）の経験に影響を受けていた。ウボレヴィッチやトリアンダフィーロフ、トハチェフスキーといった初期の戦車部隊指揮官は、先に挙げた戦争では騎兵部隊を指揮して頭角を現し、その後は「縦深戦闘理論」に裏付けられた赤軍の機械化、装甲化に責任を負う立場となった人材である。1920年代を通じて、ヴェルサイユ条約によって課せられた戦車保有禁止という規制の抜け道を探していたドイツ国軍の「黒服（ライヒスヴェーア）」士官たちは、ソ連と秘密協力関係を結び、中隊および大隊規模の戦車部隊の創隊に着手した。見返りとして、ドイツはソ連に技術や戦術教育を施した。例えば1926年にドイツの手で設けられたカザン戦車士官学校にて、グデーリアンは赤軍士官に軍事理論の講義を行なっている。

　1942年以降、各レベルの指揮官が経験を積むにつれて、赤軍の戦車戦術は着実に改善されたが、「最終的な勝利をもたらすのは敢闘精神である」などと主張する精神論も、いまだ根強かった。しかし、1943年末には、赤軍の戦車、機械化部隊の運用方針が確立されたので、部隊編制に係わる試行錯誤は無くなった。そのような大がかりな改編を行なわず、既存の部隊に特殊任務部隊を組み合わせることで能力の改善を図ったのである。こうした措置は、スタフカの決定を基にしていたが、戦車部隊の編制は開戦時の軽戦車～重戦車混成部隊よりも柔軟性に富み、バランスが取れたものとなった。これはソ連の技術的、戦術的水準ともよく馴染んだのである。一方で、無線機の不足や上下部隊間の風通しの悪さは指揮統制面での課題として残っており、こうした不備は、稚拙な航空支援能力に端的に表れていた。

　ドイツ軍は、諸兵科統合部隊の戦闘団（カンプグルッペ）を編成して、戦術的な状況変化に臨機応変に対応したが、赤軍も「先遣隊（ペレドヴォイ・オトリアード）」とい

訳註21：第1次世界大戦中の1916年6月、ロシア軍はブルシーロフ将軍の南西方面軍を主軸として、プリピャチ沼沢地南部のオーストリア軍を狙った大攻勢を実施した。開戦以来、敗戦続きだったロシア軍が大反攻に出るなど予想もできなかったオーストリア軍戦線はたちまち崩壊したが、ロシア軍も間もなく息切れしてしまい、戦果を拡張できなかった。もし適切に予備が投入されていれば、東部戦線は崩壊していたとも言われている。ブルシーロフ攻勢でロシア軍は100万の将兵を失い（オーストリア軍は60万）、以後、戦略的な攻勢に出られないまま、ロシア革命を迎えることになる。

第79親衛重戦車連隊のIS-2。溶接車体であることが確認できる。手前と奥の戦車は両方とも主砲をトラベリング・ロックに固定している。（Mikhail Zharkoy氏所有）

う類似した部隊を編成した。通常、これは中核となる戦車旅団に歩兵や自走砲などの支援部隊を併せた諸兵科連合部隊であり、主力部隊より約100kmほど先行させて、敵戦線の弱点を突くという役割を担っていた。モデルとなる攻勢作戦では、まず作戦開始に先立つ2日前に、戦線後方10～15km付近に戦車部隊が集結する。そして、支援に当たる歩兵や工兵、砲兵とともに、1.5km～2kmほどの縦深を持つ梯団を形成するのである。作戦開始前夜、彼らは最前線から1～3kmほどの場所まで前進して、おおざっぱに幅1km、縦深2kmほどの範囲に戦車、歩兵の混成部隊を配置する。赤軍では、攻撃予定地の真正面にある敵防御陣地を無力化するために、攻撃準備砲撃を実施するのが通例である。赤軍戦車部隊の突破に先駆けて、まずは2～3名の班単位になった戦闘工兵が、地雷など戦車の移動を妨げる障害物を排除し、その間に航空機や歩兵、戦車が敵対戦車拠点の無力化を試みる。

　突破戦闘時には、先鋒となる大隊規模の戦車部隊が、40～50m間隔で車両を並べ、その後方200～300mを迫撃砲や対戦車砲、戦闘工兵や突撃歩兵などの割り当てを受けた自動車化歩兵部隊が追随する。重戦車連隊や旅団（および自走砲）の主任務はこの攻撃の支援であり、彼らの側面にはT-34が展開する。赤軍は専用の装甲兵員輸送車を持っていなかったので、自動車化機関銃大隊などといっても、武器貸与によるジープが与えられれば言うこと無しで、大抵は戦車に跨乗して戦闘に突入した。1両のIS-2は12名のタンクデサント兵（戦車に跨乗して戦場に向かう歩兵）を乗せられるが、交戦地域まで1kmほどの地点を目安に降車して戦車の支援につくのである。戦車や自走砲は、歩兵の支援を失いたくなければ、降車したデサント兵と歩調を合わせて前進しなければならないので、緒戦で穿った突破口から戦果を拡大するのはなかなか困難であった。

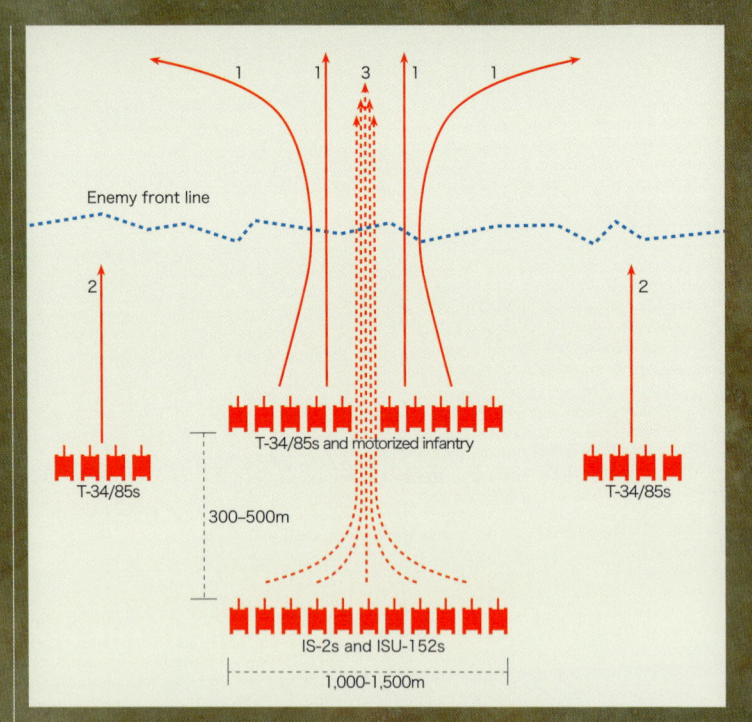

図中テキスト:
- Enemy front line
- T-34/85s and motorized infantry
- T-34/85s
- T-34/85s
- IS-2s and ISU-152s
- 300–500m
- 1,000-1,500m

IS-2を装備した戦車連隊による強襲作戦の戦術モデル。まず緒戦において、優勢なT-34/85中戦車と自動車化歩兵（実質はタンクデサント兵）が集中攻撃を行ない（1）、敵戦線の弱点とおぼしき部分、あるいは頑強な抵抗拠点を無力化する。その間、IS-2重戦車とSU-152自走砲は、第二梯団を形成して戦線の300〜500m後方に待機し、敵の抵抗拠点に対して、約1500mの距離から大口径砲を集中的に射撃する。そして側面を警戒するT-34/85（2）や砲兵の支援を受けながら、迅速に前進して、突破口の拡大に入る（3）。こうして敵の指揮統制の中枢部を蹂躙し、予想される装甲部隊の反撃を退けたのちに、重戦車部隊は追撃戦の先鋒として敵を追うのである。

　突破が成功すると、まず一帯を制圧するために自走砲が前進し、敵増援の集結を阻止する。この時代、走行しながら正確な射撃ができる主砲は開発されておらず、砲安定装置の導入は進んだが、それも目標一帯へのおおざっぱな弾着が期待できる程度の性能であり、とうてい正確な射撃は望めなかった。IS-2の戦車兵は、前進中の僚車を停止中の自車が掩護し、一定距離を進んだら役割を代えて、移動中の自車を僚車が掩護するという相互支援を得意とするようになった（他の赤軍戦車兵も例外ではない）。

　防御戦では、IS-2装備の戦車連隊と支援にあたる自走砲部隊が、敵の予想進路に沿って、相互支援を意識した市松模様状に布陣する。こうすれば部隊の一部は一種の機動予備のような役割を果たせる。戦車にとってもっとも危険な市街戦では、部隊指揮官はIS-2の市街地通過をできる限り急がせて、停止を強いられる状況を回避しようとする。そうして彼我の優勢を守り、敵に防衛戦の主導権を握らせないようにするのだ。目標がポーゼン（ポズナニ）やシュナイデミュールのような「要塞都市」ならば迂回して、後続する歩兵に攻略を任せるのである。

　IS-2はラジオ受信機を装備していたが、送信機を備えているのは中隊長以上の車両に限られていた。頻繁な交信による車内通話の中断を避ける狙いがあるが、上意下達をモットーとする赤軍においては理に適った措置というのが本音だろう。戦闘が始まると、実際に砲弾が飛び交い始める寸前まで、車長はハッチから頭を出して外の視界を確保しようとした。安全確保のために、戦車には特別な部隊名や指揮官名が暗号符として与えられていた。信号弾の他に、野戦電話も使用された。これは砲撃などで頻繁に断線したが、情報伝達の上ではもっとも正確な通信手段であった。それでも、

原則として戦車部隊の指揮官には、事前に定めていた戦術計画に沿って時間通り行動することが求められていた。

・第11親衛重戦車旅団

1942年12月8日、ほぼ壊滅状態にあった第133戦車旅団を母体に、国防人民委員部第381号命令に従って、第11親衛重戦車旅団が編成された。それから2ヶ月後、旅団は、当時スタフカの戦略予備となっていた第2親衛戦車軍の配下に入った。1944年8月には、第1ベラルーシ方面軍傘下で、ワルシャワ戦区における独立部隊として作戦し、年末にはモスクワ軍管区で創隊された第90、第91、第92重戦車連隊を編入して、KV-1からIS-2へと装備を換装した。第11親衛戦車旅団は、クルスクやコルスン包囲戦、ワルシャワ～ポーゼン、ポンメルンなど、激戦地において常に最前線に立っていた歴戦の部隊である。最後の決戦場となったベルリン市街戦では、国会議事堂周辺の戦いの最中に終戦を迎えている。1944年7月8日には「コルスンスカヤ」の称号を授与され、赫々たる武勲を称えて赤旗勲章が授けられた。

第11親衛重戦車旅団の戦闘序列（1945年2月15日）

※下線の数字は実際の配備数で、基準定数と比較している。

旅団長：ボリス・ロマノヴィッチ・エレメーエフ大佐
戦車装備数および旅団兵員数：65両／25両（1,666名）

旅団司令部士官　2名／不明
司令部中隊（偵察、工兵、化学戦、通信小隊、補給班）

第90親衛戦車連隊：21両／14両（375名）
第91親衛戦車連隊：21両／6両（375名）
第92親衛戦車連隊：21両／5両（375名）
連隊司令部（1両／不明；通信、整備、偵察班）
4個重戦車中隊（各2両のIS-2を配備した2個小隊と小隊長車）
機関銃、戦闘工兵、架橋中隊、前線応急救護所

第11自動車化機関銃大隊（403名）
大隊司令部（対戦車ライフル小隊を含む）
機関銃中隊
機関銃（タンクデサント）、迫撃砲（自動車化）、対戦車、整備中隊

戦闘開始
The Action

ポンメルン
POMERANIA

　ポンメルン[訳註22]南部を蹂躙したボグダノフの第2親衛戦車軍に備えて、オーデル川沿いにシュターガルト東部まで延びていたドイツ軍防衛線を強化するために、1945年1月25日、SS第503重戦車大隊はベルリンを出発した。この数週間のうちに、訓練を受けた兵士の多くがSS第501、第502重戦車大隊に補充要員として引き抜かれていた上に、同大隊はティーガーIIを受領したばかりだったが、慌ただしい空気の中で、フリードベルク～シュナイデミュール間の戦線に送られたのだ。補充兵とともに新任大隊長の"フリッツ"・ヘルツィヒ少佐も着任して、SS第503重戦車大隊は実戦の準備を整えたのである。

　約1ヶ月続いた入念な訓練の間に、カッセルの陸軍兵器局から最終補充となる13両のティーガーIIを受領していた重戦車大隊は、1月26日に39両の戦車とともに東部戦線に向かう短い列車輸送に乗った。陸軍の戦闘教則では、重戦車大隊のような強力な打撃部隊は、集中運用してこそ最大の効果を発揮すると明言しているが、いまや虫食い状態になっているポンメルン戦線で、そのような贅沢な運用はできない。ベルリンを通過中のところ、キュストリン橋頭堡の戦力強化のために第2中隊第1小隊が引き抜かれただけで済んだのは、全体的な状況から見ればまだ幸運だったのかも知れない。

　続く数日間、ドイツ軍は躍起になってポンメルン防衛のために部隊をかき集めていた。自由ドイツ国民委員会[訳註23]の旗の下で戦うドイツ人内通者の支援もあり、赤軍のポーランド進撃は予想よりも早かったからだ。損害がかさみ、崩壊寸前の前線をテコ入れするために、ドリーセン近郊にてアルンスヴァルデ装甲擲弾兵学校の下士官候補生400名を指揮して戦ったギュンター・カルドラック少佐のような、様々な現地編成部隊も戦線に投入された。このような急造部隊が大損害を受けたことは想像に難くないが、おかげで赤軍の前進速度は鈍り、ぎりぎり最小限の時間稼ぎには成功している。

　1月28日、SS第503重戦車大隊がシュタールガルト東部の割り当て戦区に到着した時点で、戦線は不明瞭だったが、とにかく小隊規模の部隊を各地に手当して、防衛線の強化を図った。そして大隊がオスカー・ムンツェル少将（ムンツェル作戦集団）の指揮下に入ると、ヘルツィヒ少佐は司令部中隊と12両ほどのティーガーIIとともに、ポンメルン州都のアルンスヴァルデに拠点を定めた。大隊の残りの部隊はヴァルタ川防衛線北部まで前進した。第3中隊の6両のティーガーIIは、フリードベルク方面に展開し、

訳註22：英語でポメラニア、ポーランド語ではポモージェと呼ばれる地域。北のバルト海、東のオーデル川と西のヴィスワ（ドイツ語：ヴァイクセル）川に挟まれた一帯で、現在のポーランド北西部とドイツ北東部の一部にあたる。中世以来、ドイツ人の影響が強い地域だったが、低湿地が広がり痩せた土地であるために農業に適さず、長い間、海岸付近を除けば住民はまばらだった。第2次世界大戦後は大半がポーランドに併合され、ドイツ系住民はすべてオーデル川とナイセ川（オーデル＝ナイセ線）以西のドイツ民主共和国（東ドイツ）に強制移住させられた。

訳註23：1943年7月12日にロシアで発足した、ドイツ共産党員とドイツ人捕虜38名によって結成された政治組織。ソ連に投降したドイツ人捕虜への社会主義教育と、前線のドイツ兵への投降勧誘工作を任務とした。スターリングラード包囲戦の勝利で、軍高官を含む多数のドイツ軍捕虜を得たことで、前線での組織的な活動が可能となる前提が整い、発足した組織である。

ドイツ軍の携行対戦車兵器「パンツァー・ファウスト」で撃破されたIS-2重戦車。キューポラから出ている煙から判断する限り、車内で爆発、火災を起こしたのだろう。（DML）

訳註24：1944年7月25日、ヒトラーの「国家総力戦宣言」によって発足が決まった軍事組織で、様々な事情から兵役に就いていない16歳から60歳までのすべての男子を徴用対象として編成された。名目上は700個前後の大隊が創隊されたが、装備は劣悪で、隊員まで小銃が行き渡らず、地方の倉庫で埃をかぶっていた第1次世界大戦の砲を持ち出すのも珍しくなかった。軍服はなく、国民突撃隊を示す腕章しか支給されなかったので、めいめいの私服姿に混じって、クローゼットに眠っていた前大戦の軍服を持ち出した老兵の姿もあった。訓練がないに等しいとあっては、歴戦の連合軍兵士を相手に戦力にはならず、少年や老人を苛酷な戦場で無駄死にさせるだけの結果に終わった。

　別の3両はシュナイデミュールに、マックス・リッペルトSS中尉の第1中隊はレーツ東部に送られている。
　赤軍がランツベルクとドリーセンでヴァルタ川を渡河すると、第3中隊はドリーセン橋頭堡の防衛のために、さらに南に向かうことになった。しかし、赤軍偵察部隊の動きが活発化している懸念があったために、現地司令官のクルト・ハウシュルツ少将の命令により、第3中隊は前線から遠いフリードベルクの西で降車して、あとは予定戦区まで自走しなければならなかった。クルト・ハウシュルツ少将はシュターガルトに設けられた第16軍下士官学校長であったため、800名ほどの候補生をかき集めて、アルンスヴァルデ～シュナイデミュール間で浸透して来るであろう赤軍を迎え撃つ準備をしていた。シュナイデミュールは、1939年以前には国境の町として防備が重視されていたので、町の北側からヴァルタ川にかけての一帯は古くから要塞化されていたが、戦局悪化に伴い、トート機関によってとりまとめられた民兵工兵隊が中心となって、強化されていた。実際のところ、この「ポンメルン防壁」はつぎはぎだらけの貧弱な拠点の連なりに過ぎず、悪いことにもともとの守備隊は西側連合軍をくい止めるために、西方要塞（ジークフリート線）に転用されていたので、守備に着いているのは戦力としてあてにならない国民突撃隊［訳註24］が中心であった。守備隊の内情はこのような有様なので、南と東から前進してきた赤軍に、一撃で粉砕されたことも驚くにはあたらない。6両のティーガーIIからなる戦闘団はハイデカヴェルの対戦車陣地に展開して、赤軍戦車部隊と交戦に入り、オーデル川付近の第2親衛戦車軍を目指していた敵補給部隊を阻止した。しかし、敵が新手を繰り出してくるにおよび、衆寡敵せず、間もなく退却を余儀なくされたのである。
　アルンスヴァルデ東部に部署したSS第503重戦車大隊を含む守備隊に対して、ヒムラーは赤軍の進出に備え、レーツ北東部の防備を強化するように命じた。これを受けて、リッペルト中尉の第1中隊から抽出された6両のティーガーIIは、4連装20mm高射機関砲を搭載したIV号自走高射砲ヴィルベルヴィント3両を擁する高射砲小隊とともに、ドリーセン橋頭堡に送られた。また「シュラハト特別部隊」の降下猟兵連隊兵士365名とともに戦闘団を形成したティーガーIIは、ノイヴェーデルで偵察部隊、高射砲大

フリードリヒ "フリッツ"・ヘルツィヒ SS少佐

　1915年1月18日、"フリッツ"・ヘルツィヒはハンガリーとの国境に近いオーストリアの工業都市ヴィエナー・ノイシュタットに生まれた。ヒトラーがドイツ首相に就任した直後の1933年2月20日、ヘルツィヒは約3ヶ月間の考査を無事に通過してSS入隊が認められ、親衛隊員となった。SS伍長に昇進後、彼は新編の準軍事組織であるSS特務部隊（SS-VT）に入隊し、1934年10月23日、ドイツ連隊（フェリクス・シュタイナーSS少将）の第II大隊第5中隊に配属された。そしてブラウンシュヴァイクのSS士官学校で一年の教育機関を挟み、1939年の半ばまで同連隊に勤務していた。

　ポーランド戦が勃発したとき、SS中尉になっていたヘルツィヒは、SS-VT砲兵連隊の兵站担当士官であった。1940年10月1日にはノルト師団のSS第5オートバイ偵察大隊第3中隊長として赴任した（この師団は、フェリクス・シュタイナー師団長のもと、SS特務部隊のゲルマニア連隊を母体に、フラマン、オランダ、ノルウェー、スウェーデン、デンマークからの義勇兵を加えて拡大し、同年12月21日よりSS第5師団（自動車化）「ヴィーキング」に名称を変更した）。1942年を通じてはSSダス・ライヒ師団の司令部要員として勤務し、SS大尉に昇進したヘルツィヒは、同師団のティーガー装備第8重戦車中隊長となった。1943年5月から1944年8月までの期間、ヘルツィヒは戦車部隊指揮官として戦い、訓練および教官任務に転じた。

　しかし、前線で経験豊富な戦車部隊指揮官が必要になると、ヘルツィヒはSS戦車旅団「グロース」の司令部要員として前線勤務に戻り、リガ、クールラント半島を転戦した。その5ヶ月後には、SS少佐に昇進したヘルツィヒは、最後の軍歴となるSS第503重戦車大隊長に任命され、アルンスヴァルデからベルリンまで戦い続けることになる。絶望的なベルリン市街戦の最中には、赤軍戦車8両を撃破した功績で騎士鉄十字章を授与されている。1945年5月2日、大隊のティーガーIIはすべて撃破されるか移動不能になると、政府役人を伴いながら部隊を率いてエルベ川を渡り、アメリカ軍に投降した（末期戦によく見られる現象として、部隊をまとめた集団行動はほぼ不可能で、SS第503重戦車大隊の兵士の多くは、ソ連軍の捕虜になっている：訳註）。

　部下からは優秀な指揮官として認められていたものの、ヘルツィヒは他人に打ち解けず、人間味のない人物だと見なされていた。戦場における勇敢な指揮能力に疑いを入れる余地はなく、彼は政治、戦闘、スポーツとあらゆる面で秀でた成績を残している。ヘルツィヒは戦争を生き延びたが、終戦から9年後に交通事故で死亡した。

SS第503重戦車大隊長フリードリヒ "フリッツ"・ヘルツィヒSS少佐。鉄十字章（一級・二級）、戦傷勲章、戦車突撃徽章を着用している写真。（ストックホルムAB戦争記録保管所）

隊の残余部隊を糾合しつつ、南方を攻撃して、ソ連軍に占領されたばかりのレーゲンティンの町を奪取した。

東のシュナイデミュールでは、第2重戦車中隊第3小隊のティーガーII（小隊装備車4両のうち3両）と、高射砲小隊が守備についていた。1両のティーガーIIが到着して間もなく機械的故障を起こしたが、残る車両は市の東端にあたるブロンベルガーの町に布陣した。2両のティーガーIIは絶好の防御地形をなす鉄道線用土堤の背後に掩体を設けて車体を隠していたが、間もなくその周囲に、赤軍砲兵部隊の砲弾が降り注いだ。ところが、最後には戦車を捨ててシュナイデミュールで包囲されると覚悟していた第3重戦車小隊に対して、予期せぬ西方への退却命令が出された。軍上層部は彼らをキュストリン防衛戦に投入しようというのだ。歩兵の小部隊を乗せたティーガーIIは、赤軍の哨戒網をかいくぐってフリードベルク、ランツベルクを通過し、1月30日には180kmの移動を終えて、キュストリンに到着した。

1月29日、「ポンメルン防壁」指揮官のハンス・フォイクト少将は、「アルンスヴァルデ要塞」指揮官に任じられ、周辺の雑多な部隊を再編成して同市の守備隊を指揮することになった。この部隊には、カルドラック少佐の下士官候補生部隊の他に、エンゲ大隊とV-2ロケットの発射任務を解かれたばかりの報復砲兵連隊から、それぞれ400名と800名の増援が送られた。しかし、守備隊とは言っても装備はせいぜい数挺の機関銃の他には小銃くらいしかない。これに郷土防衛大隊と第83軽高射砲大隊が増援に加えられたことで、20mm高射機関砲と37mm高射砲搭載のIV号自走対空戦車オストヴィントが使えるようになって体裁は整ったが、肝心の砲兵力は数門の81mm迫撃砲頼みであり、フォイクトは手製の対戦車兵器や機関銃に期待するほかなかった。元V-2操作員からなる守備隊は、ホッヘンヴァルデ、クリュッケン、キュルトウ、ズールスドルフに布陣した。

戦線東方では第1重戦車中隊を中核とする戦闘団がノイヴェーデルを奪回していたが、降下猟兵の大損害と引き替えの戦果であった。第402師団特別部隊司令部が指揮した下士官候補生部隊や国民突撃隊、緊急招集部隊などの支援を得て、リッペルト中尉は4両のティーガーIIと降下猟兵の一

爆撃ないし大口径砲の直撃の威力の前には、重量70トンを誇るティーガーIIも横転してしまう。車体下部の傾斜装甲にはツェメリット塗装が施されている。写真のハッチは、無線手用シートの下に設けられた脱出パネルであり、その脇の小さな排出口は使用済みオイルなどの廃液を捨てるのに使用された。（DML）

団とともに、レーゲンティンまで10kmほど前進した。しかし無数の対戦車砲に阻まれ、後方を寸断される前に退却しなければならなかった。

ソ連軍の配置
SOVIET DEPLOYMENTS

　ボリス・エレメーエフ大佐の第11親衛重戦車旅団は、1月16日以来、ヴィスワ川沿いに獲得した橋頭堡からの攻撃でドイツ軍防衛線の突破に成功し、T-34/85中戦車を中核とした機械化部隊が西に向かって攻勢を続けていた。市街戦の機会が増え、同時に補給線の距離が伸びたことで、IS-2の機械的寿命を縮めていた。装備されていたIS-2は、おおざっぱに見積もっても、戦場における耐久期間の倍は酷使されていたのである。例えば第2親衛戦車軍では、ヴィスワ川とオーデル川での攻勢に従事した24日間に発生した戦車と自走砲の損害のうち、52パーセントがドイツ軍の戦車と対戦車砲に仕留められたもので、43パーセントがパンツァー・ファウストやパンツァー・シュレッケなどの携行対戦車兵器によるものであった。後者に対する備えとして、赤軍戦車兵は鉄板や予備履帯、金網などで即席の追加装甲を作るようになった。パンツァー・ファウストのような成形炸薬弾は、戦車の装甲に命中して、爆発の威力が生んだ溶融金属ジェットを装甲に直接吹き付けて孔を開けることで、戦車に致命傷を与える。したがって、このような即席外部装甲でも、成形炸薬弾なら金属ジェットを拡散させて、無力化できたのである。このような即席の外部装甲がない場合、戦車兵は「魔女の口づけ」と呼んで恐れる孔から吹き込んでくる高温ジェットで焼き殺されることになる。

　ドイツ軍の報復砲兵連隊がホッヘンヴァルデ、カールザウエ、カールスブルク、ワーディン、ヘルペなどに新たに強化陣地を設けていることを察知した赤軍は、第88親衛重戦車連隊（5両のIS-2を装備）、第85独立戦車連隊（8両のT-34/85を装備）、43両のオープントップ型自走砲Su-76や自動車化砲兵部隊を投入してきた。この機械化部隊の背後では、第IX狙撃兵軍団と第XVII狙撃兵軍団が北方への攻撃を始めていたが、第XII親衛戦車軍団は燃料切れで司令部と一握りの輸送トラックしか移動させられなかった。

　シェーンヴェルダー近郊でティーガーIIは数両の敵戦車を屠ったが、アルンスヴァルデではさらに大規模な攻撃が始まっていた。生命の安全を確保するために、行政担当者や警察官はアルンスヴァルデを捨ててレーツに逃げ出していた。見捨てられて恐慌状態に陥っている市民感情を察したフォイクトは、手遅れになる前に、包囲環の中から市民が脱出するための時間を稼ぐためにできる限りの事をしようと決意した。ティーガーIIはノイヴェーデル付近で再三、赤軍戦車部隊の攻撃を撃退し、SS第503重戦車大隊の野戦工廠中隊がこれを支援していた。

　極寒の気候が数日続いたあとで好天になった2月3

アルンスヴァルデ中心街区の聖マリア教会は、14世紀に聖ヨハネ騎士団によって建設された。町の他の建築物と同じように、1945年の包囲戦でひどく損傷してしまった。（Jaroslaw Piotrowski氏所有）

日には、地面はぬかるんで、機械化部隊の移動が困難になった。アルンスヴァルデの南西にあるザンメンティンでは、ティーガーIIがコッペリンシュタールに包囲されていた歩兵部隊を救出し、第1重戦車中隊の4両のティーガーIIはホッヘンヴァルデに布陣してアルンスヴァルデ防衛線を強化していた。3両のティーガーIIが、赤軍重戦車と対戦車砲の猛攻によって損傷した。残りの4両はザンメンティン付近の森林地帯で戦闘し、翌朝0700時に第111号車が撃破され、カール・ブロンマンSS少尉の第221号車は対戦車砲による攻撃で移動不能となり、3両のティーガーIIに牽引されて、アルンスヴァルデ中央広場にある聖マリア教会まで後退した。ムンツェル作戦集団から派遣された装甲列車第77号による断続的な支援があったものの、2月4日の午後にレーツ東方で赤軍が鉄道線を寸断すると、装甲列車は後退を強いられた。

アルンスヴァルデ包囲戦
ARNSWALDE ENCIRCLED

　ザッハンの南西で赤軍がイーナ川に到達したのを確認したシュタイナーは、ムンツェル作戦集団に対してアルンスヴァルデ守備隊の強化を命じた。2月6日、ノルトラント師団はSS第11突撃砲大隊の突撃砲15両と、パウル＝アルベルト・カウシュSS中佐のSS第11戦車大隊「ヘルマン・フォン・ザルツァ」を派遣した。この戦車大隊はレーツ付近で敵の前進を阻止していた部隊だった。しかし、赤軍が両翼から圧力を加え始めた結果、脱出してきた避難民の集団の中で身動きが取れず、これ以上の防衛戦が不可能であることが判明した。同日午後にはアルンスヴァルデ～レーツ間の主要街道が切断され、5,000を超える避難民がアルンスヴァルデ包囲環の中に取り残されてしまった。やがて始まったソ連軍の重砲撃により事態は絶望的になり、フォイクトも降伏を意識せざるを得なくなったが、ぎりぎりで思いとどまった。フリッツ・カウエラウフSS少尉（第1重戦車中隊第2小隊長）が、シュターガルトの大隊野戦工廠で修理を終えた3両のティーガーIIをもって、アルンスヴァルデ守備隊の救出を命じられていたからである。

・アルンスヴァルデ守備隊
SS第503重戦車大隊（ティーガーII重戦車x7両；司令部中隊）
ホフマン特別任務砲兵連隊
第83軽高射砲大隊（20㎜単装対空機銃、同4連装対空機銃）
ウアラウバー大隊（落伍兵主体で編成）
ライヒスフューラーSS（グロス）特別任務警護大隊（司令部；通信小隊；工兵小隊；第1～第3襲撃中隊；重機関銃中隊；重装備中隊）
ウアラウバー中隊（アルンスヴァルデ）
陸軍地方局

　翌日のソ連軍の攻撃で、約1,000名のオランダ人義勇兵で構成された旅団が撃破された。彼らはまもなくSS第23義勇装甲擲弾兵師団「ネーダーラント」として再編成されるが、この敗北でレーツおよびハッセンドルフ方面が蹂躙され、シュテッティンに至る国道104号線が寸断された。戦車や砲兵を含むソ連軍の大部隊は、レーツの北、イーナ川の東岸に沿うよう

1945年2月15日から17日にかけての、アルンスヴァルデ守備隊救出作戦の戦況図。

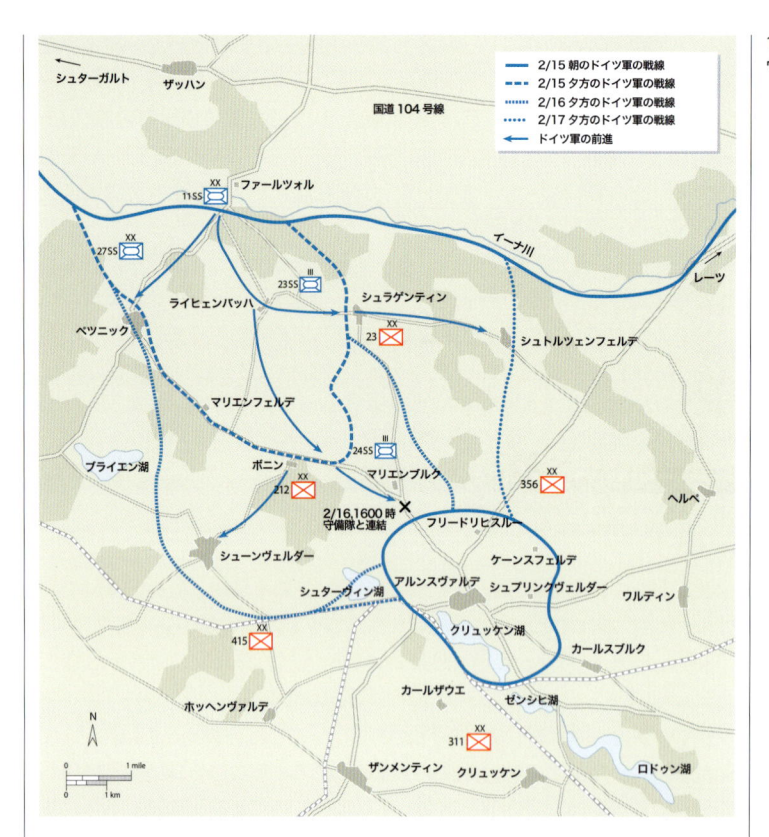

にして北上を続けていた。

　2月8日の夕方、カウシュはカウエラウフSS少尉に対して、レーツ北方での赤軍の活動を偵察するために、第3重戦車中隊第1小隊のティーガーIIを1両派遣するように命令した。経験豊富なヘルマン・ヴィルトSS中尉に対しても、同じ目的から突撃砲3両を派遣するように命令が出されている。ヤコブスハーゲンの南に設けられていたカウシュの司令部から出立した戦車部隊は、ツィーゲンハーゲンの真西にある高地に登ったが、そこからは地平線まで続くようなソ連軍の戦車や砲兵、歩兵の隊列がクライン・ジルバーを通過中の様子がはっきりと見えた。もしこの脅威を見過ごせば、赤軍はバルト海に到達し、遠く東方から陸伝いにポンメルンを目指して西進中の友軍が後方を断たれてしまう。ヴィルトは増援を要請するためにいったん後方に下がり、間もなく2両のティーガーIIと10両の突撃砲、降下猟兵1個中隊をかき集めてきた。突撃砲は「ヘルマン・フォン・ザルツァ」大隊から引き抜いてきた戦力だが、彼らをもって赤軍の脅威を取り除こうというのである。

　正午過ぎ、行軍隊形から素早く戦闘準備を整えたドイツ軍戦闘団は、ツィーゲンハーゲンの西で、敵対戦車砲部隊を攻撃するために動きを止めた。ティーガー操作手引き書「ティーガー・フィーベル」には、戦車兵は砲撃を完全にコントロールしていなければならず、人気ボクサーの「マックス・シュメーリングの右腕」を例えに出して、貴重な砲弾の浪費を戒め、必殺の射撃を心がけるよう促す記述がある。この場面では、降下猟兵の戦闘にも当てはまるだろう。まず降下猟兵がツィーゲンハーゲンから伸びる道路

T-34中戦車の「致命的弱点」に吸着地雷を仕掛けるドイツ兵。訓練時を撮影したもの。装甲の平面にしっかりと垂直に吸着できた場合、この成形炸薬地雷は、アメリカ軍のバズーカやドイツ軍のパンツァー・ファウスト、パンツァー・シュレッケと同じ威力を発揮した。（NARA）

の両脇に展開して、クライン・ジルバーに至る橋を渡った。呼応して、ティーガーIIに率いられた2両の突撃砲が、猛烈な小銃弾の雨の中をクライン・ジルバーに向かって突進する。すると突然、突撃砲が動きを止めた。200mほどにある教会の傍らに対戦車砲を発見したからだ。しかし、中間を横切る小高い稜線に阻まれて、どちらからも命中弾を与えられない。

この難局について報告を受けたカウエラウフSS少尉は、巨大な戦車を低く隠せる地形を探した。そこから待ち伏せしていた対戦車砲にSprgr43榴弾を叩き込もうというのだ。ティーガーが動き始めた直後、カウエラウフは進行方向に急造の地雷原が広がっているのに気付き、ぎりぎりのところで戦車を停止させた。工兵がいないために、降下猟兵は敵戦線をこじ開けると、手榴弾や爆薬を使って地雷原を啓開した。こうして道路が通過可能になった直後、50mほどの距離にIS-2重戦車が姿を現したが、カウエラウフは落ち着いてPzgr39/43を命中させて敵戦車の動きを止め、次いで2発を当てて破壊した。他にも2両のIS-2が確認できたが、仲間の戦車がやられたのを見た赤軍戦車兵は、乗車を捨てて一目散に逃げ去ってしまった。今や、クライン・ジルバーを通過して北方に向かおうとするソ連軍の作戦行動は、村の南端にハリネズミ陣を敷いて堅牢に守りを固めている3両のティーガーIIによって破綻に追い込まれていた。しかし、この抵抗も燃料と弾薬が尽きるまでのことであり、翌日には3両のうち2両が赤軍歩兵によって撃破され、もう1両も動けなくなったのを確認したドイツ戦車兵の手により破壊された。

イーナ川沿いの戦線南部が安定するのに合わせて、赤軍はアルンスヴァルデ守備隊の撃破を最優先目標に切り換えた。2月9日の1000時、8両のティーガーIIが、総統護衛師団第100連隊／第I大隊の装甲兵員輸送車10両を伴い、ファールツォルの橋頭堡から移動を開始した。しかし、町の防衛拠点までたどり着こうとした努力は実らなかった。2月8日、11日、13日、14日の深夜に、包囲下の「要塞都市」に対して、第6航空艦隊はJu-52輸送機による補給物資投下作戦を敢行したが、機材と燃料が不足していたために失敗した。また、外国人労働者の練度不足か、あるいは意図的なサボタージュにより、ティーガーIIでは使用できない高射砲Flak36専用の88mm砲弾が前線に届くという不始末もあった。

1941年型T-34に対して、35型皿型地雷で攻撃を仕掛ける訓練中の一枚（消灯式ヘッドライトカバーと初期型牽引用連結具、初期型の特徴を残すプレート状の履帯に注目）。この皿形地雷には5.5kgのTNT火薬が充填されていて、履帯を破損するには充分な威力があり、またサスペンションを破壊し、乗員を負傷させることも多かった。（NARA）

　「ポンメルン防壁」のうち最も強力と思われていたドイチュ・クローネ戦区が2月11日にソ連軍に制圧される一方で、グロース大隊と協同して戦っていたティーガーⅡの一群がケーンスフェルデでT-34を多数撃破した頃には、さすがに両軍とも攻勢限界を超えてしまい、アルンスヴァルデを巡る戦闘はいったん下火になった。守備隊の内情を探りつつ、可能であれば損害のかさむ戦闘を避けたいソ連軍は、2月12日の夕方、アルンスヴァルデ包囲環の東端にあたるシュプリンクヴェルダーにドイツ兵捕虜3名を派遣した。白旗を掲げて陣地に近づいた3名は、翌朝0800時を期しての降伏を求める勧告文を携えていた。守備兵の気持ちを揺さぶるために、勧告に従い降伏すれば、食料や医薬品を提供し、捕虜は位階に応じた待遇を約束され、望むならば市民は自由に立ち去ることを認めるというエサもぶら下げられていた。しかし、赤軍に蹂躙された地域でドイツ人に対して行なわれている残虐行為を知らない兵士はいない。このような口約束が守られると信じる守備兵はほとんどいなかった。

　降伏の刻限が迫ると、ドイツ軍守備隊は白旗の代わりに、ドイツ国旗と党旗を聖マリア教会の尖塔に掲げて返答とした。すぐさま、榴弾砲、迫撃砲、カチューシャ多連装ロケット砲などによる、ソ連軍の呵責ない砲爆撃が始まり、7時間にもおよぶ砲撃で市域は大損害を受けた。東方では、シュナイデミュールの守備隊が、崩壊寸前まで追い込まれていた。13日には守備隊は3つのグループになって、それぞれが後方の友軍陣地を目指して脱出する計画になっていたが、ソ連軍の追求は想定以上に早く、無事にドイチュ・クローネまでたどり着いた兵士はほとんどいなかった。翌日、ソ連とポーランド軍はシュナイデミュールに入城し、約1万5,000名の市民の運命は彼らの慈悲に委ねられた。アルンスヴァルデまでこのような悲劇を及ぼしてはならない。SS第11戦車軍司令部は、16両のティーガーⅡをかき集めつつ、反撃準備に入った。SS第Ⅲ戦車軍団の大半がクールラント半島から海上輸送で脱出できたこともあって、シュタイナーはシュターガルトの東に比較的強力な部隊を配置できた。SS第11戦車軍による反撃を先導するために、ノルトランド師団の兵士たちは2月14日まで訓練に明け暮れ、戦場となる地域に関する情報を頭に叩き込んでいたのである。

冬至作戦
SONNENWENDE

　時折、みぞれ混じりの雨が降っていたが、全般的には温暖な気候が続くなか、SS第11戦車軍はマデュー湖～ハッセンドルフ間で攻撃準備にかかっていた。シュタイナーは準備内容に満足し、グデーリアンが設定した予定もどうにかこなせると考えていたので、作戦開始は2月16日に決まった。ノルトラント師団長のヨアヒム・ツィーグラーSS少将は、作戦前日、15日の夜明け前に現地司令官等と作戦実行に際して予想される障害について意見交換をした。31両のⅢ号突撃砲G型（第1～第3中隊）と30両のパンターD型（第4中隊）の戦力を有していたので、少なくとも一定の成功は見込めるだろうと、現場指揮官の意見は一致した。

　薄明のなか、ノルトラント師団は戦力が減少していたSS第24装甲擲弾兵連隊「ダンマルク」の第Ⅱ大隊を、攻勢進発点となるイーナ川南方に移動させた。またSS第27義勇擲弾兵師団「ランゲマルク」がファールツォルの南に移動している間に、SS第11工兵大隊が、貧弱な木製の橋を強化した。戦場一帯は軟弱地形が多く、車両の通過が制限されていたからだ。第100装甲擲弾兵連隊／第Ⅰ大隊は、まだノルトラント師団を支援する準備を整えていなかったが、ダンマルク連隊のデンマーク人義勇兵が0600時に攻撃を開始した。ソ連第2親衛戦車軍の先鋒を分断して、アルンスヴァルデ守備隊を救う試みがついに発動したのである。

　昼までに、ダンマルク連隊の第Ⅱ大隊がライヘンバッハを奪回し、支援戦車と兵士を搭載した総統護衛師団のハーフトラックがイーナ川を渡った。赤軍の第212、第23狙撃兵師団の前衛部隊は、突然活発に動き出したドイツ軍に遭遇して狼狽し、後退を始めてしまった。この状況を利用して、1400時にはヘルマン・フォン・ザルツァ大隊とSS第11戦車猟兵大隊第3中隊および第1中隊の1個小隊がライヘンバッハを取り巻くように前進し、マリエンブルクに向かった。左方向では、ノルウェー人義勇兵で編成されたSS第23装甲擲弾兵連隊「ノルゲ」の第Ⅱ大隊（ノルトラント師団）が、作戦地域の北側側面の確保を試みたが、シュラゲンティンをソ連から奪回することはできなかった。日没までに、ランゲマルク師団の数個中隊がペズニックの前面に、ダンマルク連隊はボニン付近にそれぞれ拠点を設け、ボニンでは斥候部隊がフォイクトの司令部と連絡を繋ぐのに成功した。

　16日の金曜日、「冬至作戦」が正式に発動した。ドイツ軍戦線の右翼では第XXXIX戦車軍団のホルシュタイン戦車師団と、ほぼ完全戦力のSS第10戦車師団「フルンツベルク」が、赤軍第XII親衛戦車軍団の担当戦区に突入し、第34親衛機械化旅団と第48親衛戦車旅団をマデュー湖の南に撃退した。フルンツベルク師団がSS第4歩兵師団「ポリツァイ（警察）」との連結を企図している間に、SS第28義勇擲弾兵師団「ワロニエン」はアルンスヴァルデからマデュー湖にかけて布陣している赤軍を包囲しようとしたが、これは失敗した。第66親衛戦車旅団の15両前後のT-34/85が、もともとが困難だったドイツ軍の前進を簡単に止めてしまったのである。ワロニエン師団のベルギー人義勇兵、約4,000名からなる戦闘団は、ノルトラント師団の右翼で支援に力を尽くしていたが、プレーン湖から先へはほとんど進めなかった。SS第11戦車軍の左翼では、SS第X軍団がレーツ付

（次ページ解説）
アルンスヴァルデ包囲環、ケーンスフェルデ付近で防御戦闘を行なう1両のティーガーⅡ重戦車。1945年2月10日、アルンスヴァルデ包囲戦のさなか、ライヒスフューラーSS特別任務大隊に支援されたティーガーⅡが、ケーンスフェルデでソ連軍の強襲を阻止した。ティーガーⅡの最大の長所である長射程を活かすために、ステューベニッツ川沿いに広がる沼沢地と町を隔てる小高い稜線に陣取っていた。弾薬が不足し始めていたので、ティーガーⅡの車長は、慎重に目標を選別しなければならなかった。驚異的な攻撃力と防御力を考えれば、最優先目標がIS-2重戦車となるのは当然だが、数でははるかに優るT-34中戦車も無視できる脅威ではない。敵戦車に対して榴弾は効果的ではない。しかし、蹂躙攻撃に参加している敵歩兵に対しては、榴弾こそ決め手の砲弾になるのだ。

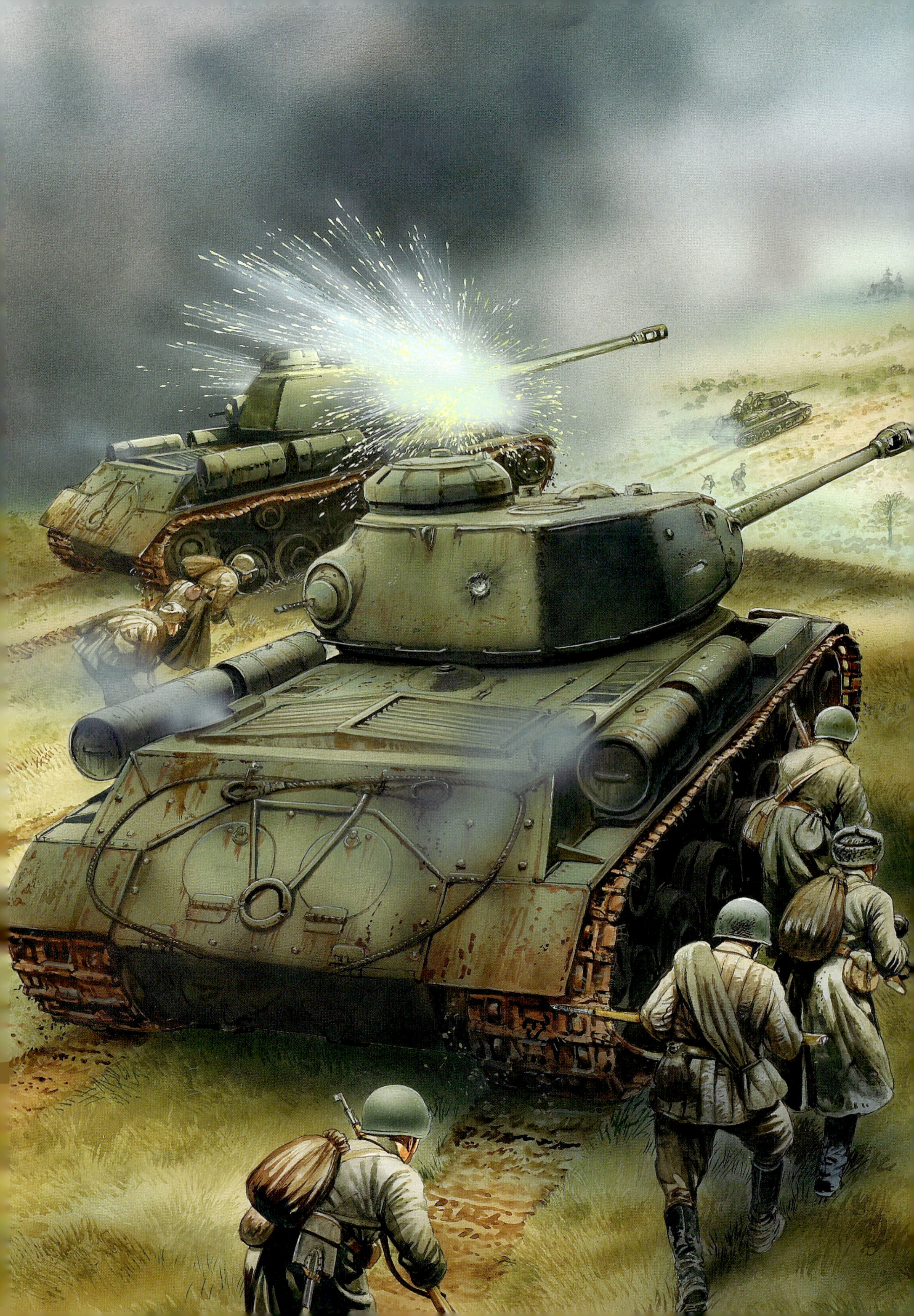

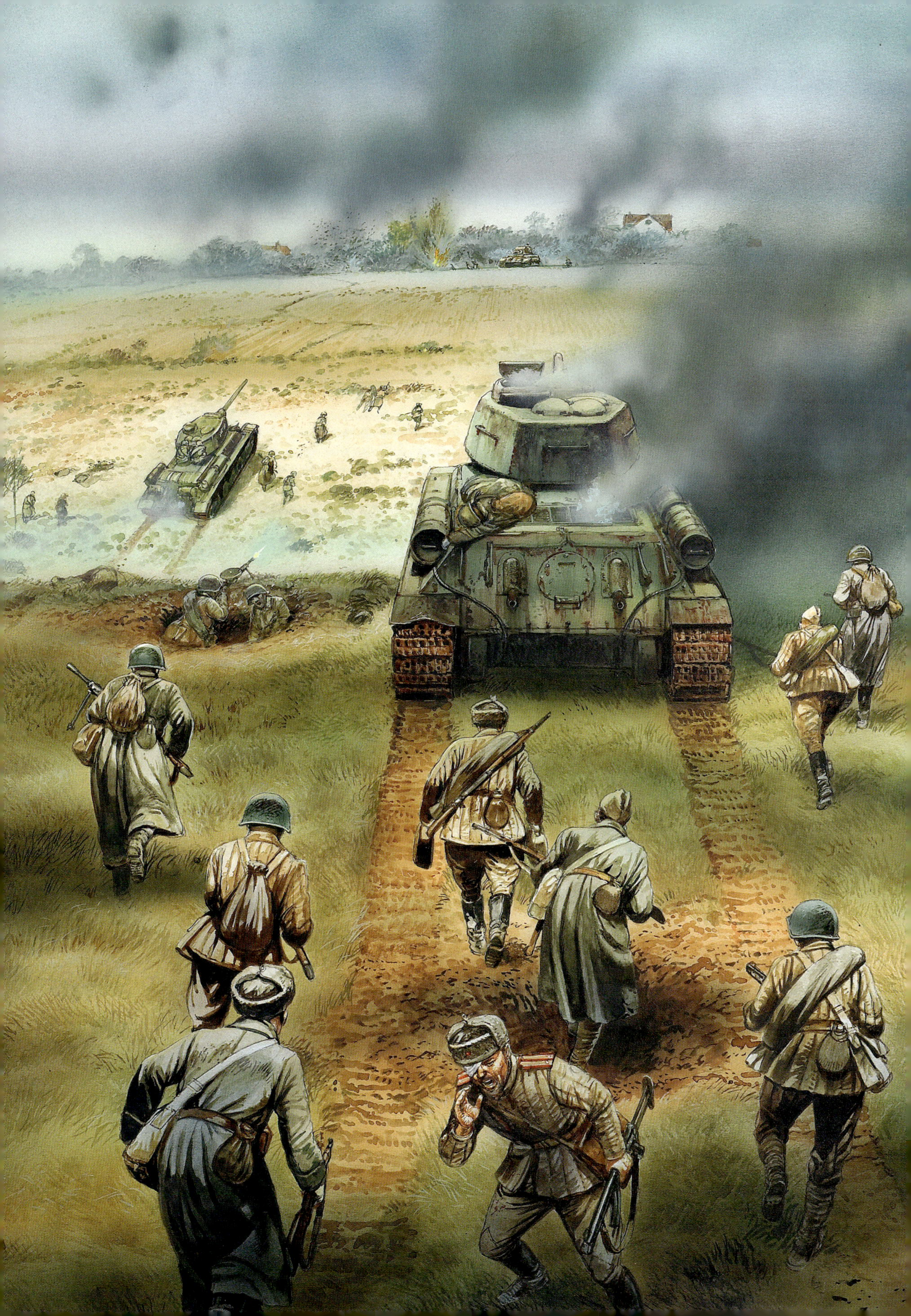

近で攻勢に出ていた。総統護衛師団と総統擲弾兵師団[訳註25]を投入した攻撃は、敵対戦車砲の濃密な阻止射撃に悩まされたものの、当初は順調に前進することができた。

　攻撃の主力部隊をなすドイツ軍中央のSS第III戦車軍団は、イーナ川を渡り、前日にノルトラント師団がなし遂げた成功を拡大しようとした。敵第VII親衛騎兵軍団は崩壊寸前で後退したが、第XVIII狙撃兵軍団はアルンスヴァルデ周辺に踏みとどまった。しかし、北方に布陣した砲兵の間接支援射撃が始まるまで、即効性のある前線強化策が赤軍にはなかった。第61軍司令官のベロフ中将は、ドイツ軍が包囲環を突破する前に、第11親衛戦車旅団の2個重戦車連隊と第356、第212狙撃兵師団を投入して、アルンスヴァルデ守備隊の戦力をすりつぶそうとした。しかしこの2個狙撃兵師団からは、それぞれ260名と300名しか抽出できなかったので、戦力にならない。そこで攻撃は第311、第415狙撃兵師団に委ねられ、第85戦車連隊と第189自走砲連隊がこの攻撃を支援することになった。

　SS第503重戦車大隊のティーガーIIは、長射程能力をうまく活かして遭遇戦を有利に進めていたが、折からの雪で戦場は泥濘に覆われ、移動に支障が出ていた。負傷兵を背負いながらでも、戦車を支援する兵士の姿もあった。「冬至作戦」より前のバルト海沿岸域の戦いで、ノルトラント師団の戦力は減少していたが、それでも彼らは攻撃の手を緩めずに、赤軍の散発的な抵抗を排除していた。奇襲効果を継続させるためには、例え戦場の環境が戦車の運用に向いていなくても、ドイツ軍としては可能な限り迅速に作戦目標に迫るほかなかったのだ。

　「冬至作戦」の規模の大きさが判明すると、ソ連軍は予備として後置していたIS-2部隊を投入して反撃に出ることを決めた。ヨシフ・ラファイロヴィッチ中佐が率いる第70親衛重戦車連隊（第47軍所属）はヴォルデンベルクの北に、セミョン・カラブコフ中佐の第79親衛重戦車連隊（第XII親衛戦車軍団）はデーリッツ近郊に、それぞれ布陣していた。ピョートル・グリゴレヴィッチ中佐の第88親衛重戦車連隊（第61軍）もベルリンヒェン近郊で作戦準備を開始した。

　ダンマルク連隊第III大隊にはボニンの奪回が命じられた。これに総統護衛師団の装甲擲弾兵とノルトラント師団からの突撃砲3両が支援に加わることになった。彼らは村の南側とフォルクスワーゲン社工場の周辺に防御拠点を固めると、ダンマルク連隊第II大隊を支援するために、シェーネンヴェルダー方面に向かった。SS第66擲弾兵連隊第I大隊（ランゲマルク師団）は、ダンマルク連隊第III大隊の攻撃に呼応して、マリエンフェルデを奪取し、ペツニックに外周陣地を構築しようと試みた。この強襲に続くように、ダンマルク連隊第II大隊がシェーネンヴェルダーを攻略し、同時にノルゲ連隊がシュラゲンティンを攻略、ストルツェンフェルデまで外周陣地を広げて、回廊の左側面を安定させようとした。

　1600時、ダンマルク連隊はボニンから強襲に出て、間もなくシェーネンヴェルダーの奪回に成功した。この戦果を拡大すべく数個中隊が送り込まれると、大隊の残り部隊は包囲環の北側でアルンスヴァルデを砲撃していた第XVIII狙撃兵軍団の砲兵部隊を無力化し、ついに11日間も続いていた包囲が破られて、アルンスヴァルデへの回廊が繋がったのである。ノルトラント師団に配属されていた7両のティーガーIIが、すぐさま増援部隊と

訳註25：総統護衛師団（Führer Begleit Division）は、総統大本営の警護を目的として1939年8月23日に創隊された大隊規模の部隊を母体とし、1945年1月30日に師団に昇格した。総統擲弾兵師団（Führer Grenadier Division）は、1943年4月に総統擲弾兵大隊として発足した部隊を母体とし、1944年中に連隊、旅団へと昇格し、1945年1月30日に師団に昇格した。どちらも1944年12月のアルデンヌの戦いに投入されて大損害を被り、その再編中に師団となったが、「冬至作戦」の時点では、装甲擲弾兵師団を旅団規模に縮小した程度の編制と戦力しか有していなかった。

ともに町に入り、防衛線を強化した。ドイツ軍の回廊の強化拡張は、シュターガルト〜アルンスヴァルデ間の鉄道線沿いに赤軍が築いていた強力な防衛線に接触するまで続いた。北側ではダンマルク連隊第III大隊の一部が、マリエンブルクの友軍部隊との接触に成功していた。

　2月17日、第2親衛戦車軍が大挙してアルンスヴァルデ戦区に到達したが、フルンツベルク、ポリツァイ両師団の抵抗を受けて停止した。この武装SS師団群が第XII狙撃兵軍団と第75狙撃兵師団の側面および背後を伺う動きを見せたために、第6親衛重戦車連隊が対応に当たった。ワロニエン師団はリンデンの丘陵地帯に設けた拠点で粘り強く戦い、その近くでは別の1個中隊が大損害を被りながらも、再三の敵の攻撃を退けていた。

　アルンスヴァルデ周辺では、ソ連邦英雄のプロコフィ・カラシニコフ少佐の第90親衛重戦車連隊から派遣された14両のIS-2が、すでに行動を開始していた第91、第92親衛重戦車連隊の計11両のIS-2と合流するために移動したが、その効果は定かではなかった。第356狙撃兵師団は苦戦の末に同市のガス工場に歩兵を投入したが、ティーガーIIの支援を受けつつ、建物に籠もって抵抗するドイツ軍歩兵に阻まれて、その先までは進めなかった。

　フォイクトは、アルンスヴァルデ回廊を使って市民や負傷兵の搬出を急いだ。赤軍の攻撃で、一時的に回廊は閉じられたが、それも長くは続かず、幅2kmの回廊がドイツ軍の命綱として再び繋がった。アルンスヴァルデ守備隊には、当初から7両のティーガーIIが参加していたが、この時点で稼働戦車は4両だけとなっていた。修理の必要から、このティーガーIIはザッハンへ後送されることになった。

　2月18日の深夜、ドイツ軍の攻勢作戦を指揮していたヴァルター・ヴェンク中将が交通事故で重傷を負うという、まったく予想外の事件が起こった。ベルリンで状況説明を終えて前線に戻る途中、ヴェンクは2日間勤務を続けて疲労困憊していた運転手からハンドルを奪ったところ、不覚にも自らも居眠りしてしまったのだ。ヴェンクは頭蓋骨の損傷と肋骨骨折により任務を退いた。ハンス・クレーブス中将が後任となったが、そのときにはすでに、ドイツ軍の攻勢継続は不可能となっていた。

歴戦のIS-2重戦車。車体側面がひどく損傷しているのがわかる。初期型の「折れ鼻」型車体と防盾の特徴が目立つ。牽引用連結具が欠損しているのと、右手に別のIS-2が確認できるのに注目。（DML）

ティーガーIIの照準動作

IS-2重戦車がアメリカ軍からレンドリースされた補給トラックから補給を受けている。ティーガーIIの砲手は、TZF9d望遠照準眼鏡を覗き込み、目標までの距離を1,800mと見積もった。

照準精度を高めるために、倍率を2.5倍から5倍に上げる。敵戦車の側面で最も装甲が薄い部分を狙って、徹甲弾Pzgr39/43を発射する準備を整えた。

イラストは、武器貸与法により供給された米国製トラックから補給物資を受け取る作業中のIS-2重戦車を、ティーガーIIのTZF9d標準眼鏡から覗いた状況を再現している。この時、ソ連戦車はいかなる対戦車兵器の射程からも安全圏にいると信じているのだろう。来るべき作戦に備えて、弾薬と燃料を満タンにしようとしていたのだ。ソ連軍の補給兵はインターナショナルM-5H補給トラックの周囲で忙しく立ち働いていた。1943年にソ連が戦略的攻勢が可能になった主要因の一つとして、西側連合軍からトラックをはじめとする軍用車両を多数獲得し、補給状態が改善したことがあげられる。

ティーガーIIの射撃手順は、IS-2とほぼ同じである。砲弾を装填して閉鎖機を閉じ、目標までの距離が500mを超える場合は、目標の正確なサイズを見積もって、これを照準眼鏡に備わっている各種指標に当てはめる。装填手は、砲弾の種類と距離に応じて、照準眼鏡で使用する距離計の目盛りを切り換える。砲手だけでなく、操縦手と車長も、目標までの距離をチェックする。この手順が一巡すると、中央に並んだ目盛りのうちもっとも大きな三角形の頂点までの距離が、照準器の上面から下に長く突き出す黒い三角形の頂点が指し示す数値と一致したことになる。イラストでは、IS-2の砲塔と胴体側面の継ぎ目に焦点が当たっている。

IS-2の照準動作

防御任務についているティーガーII重戦車を、IS-2のTSh-17照準眼鏡から覗き込んだところ、距離は800mと見積もられた。

徹甲榴弾BR-471を見事に目標の正面装甲に命中させる。通常、IS-2はこの砲弾を8発しか積載していない。

　アルンスヴァルデ周辺にドイツ軍が構築した防御線を攻撃する際に、損害を最小限に抑えるために、ソ連軍歩兵部隊は散開隊形で前進した。小銃弾と迫撃砲による応戦で、多くの兵士が斃れたが、砲煙と土煙の中を、歩兵たちは突進した。攻撃に参加した兵士たちは、M1940型鋼鉄製ヘルメットか合皮製ロシア帽をかぶり、カーキ色のパッド入り戦闘服と防寒用外套を着用している。

　ドイツ軍は地形を巧みに活かして町の外縁まで塹壕やタコつぼの前哨陣地を構築した。この防衛線ではもっぱら歩兵が守備にあたり、適宜、機関銃も配置されていた。陣地の背後には瓦礫や土嚢でカモフラージュされたティーガーIIが陣取り、守備兵を火力支援していた。

　IS-2の車長が目標の名前と状況を叫んだら、装填手は弾体と装薬を取り出して装填する。砲手はTSh-17照準眼鏡を覗き込むと、矢印付きの指標を調整して距離を導き出す。射撃距離が決まったら、左の目盛りに水平線を合わせて微調整する。左の目盛りは徹甲弾用、右の目盛りは同軸機銃と榴弾を併用している。同時に、矢印の頂点を目標に合わせる。IS-2は積載砲弾数が非常に少ないので、自車が完全に暴露していない限りは、1200mより遠距離から砲撃することは滅多にない。

67

撤退
EVACUATION

　アルンスヴァルデでは、SS第Ⅲ戦車軍団長のマルティン・ウンラインSS中将とフォイクト将軍が、悪化する状況に鑑み、アルンスヴァルデで防衛戦に参加している友軍部隊をどのような手順で撤退させるか打ち合わせていた。病気療養を終えて、2月10日に現場復帰したばかりのウンライン軍団長は、自分がのっぴきならない戦場に前線指揮官として送り込まれてしまったという自覚があった。現状維持のために、これ以上どれだけ血を流しても「冬至作戦」は失敗に終わるだろう。ウンラインは、フォイクトがアルンスヴァルデを放棄して撤退することに同意した。東西からソ連軍の反攻が本格化し、フォイクトが構築した防衛線は崩壊寸前であった。町の一部では白兵戦まで発生し、SS第Ⅲ戦車軍団による阻止砲撃がかろうじてソ連軍を退けている状態であった。

　日没後、市民と負傷兵がアルンスヴァルデから脱出を開始し、ダンマルク連隊の進撃路を逆にたどって20km北西のザッハンを目指した。そこでは車両群が待機していて、一人でも多く西に逃がそうとしていたのだ。こうして「冬至作戦」の失敗が明らかになり始めた頃、SS第503重戦車大隊に、現任務地を離れ、ダンツィヒおよびゴーテンハーフェン方面に転出せよとの命令がでた。アルンスヴァルデでは軍用施設や中央駅近郊で激戦が発生しており、SS第11戦車猟兵大隊第1中隊の対戦車自走砲が守備隊のテコ入れに派遣される傍らで、交戦地域からの避難民の脱出が続いていた。

　ノルトランド師団の場合、2月18日は比較的平穏だったが、偵察情報からシュターガルト～アルンスヴェルデ鉄道の西で敵が大軍を集結させていることが判明していた。マリエンフェルデとダンマルク連隊第Ⅱ大隊の布陣位置との隙間には、ランゲマルク師団から中隊が送られた。ソ連軍の圧力がいよいよ強力になると、ドイツ軍の攻勢は停止を強いられ、翌日朝、ヒムラーは「冬至作戦」の終了を各部隊に通達した。

　2月19日、ジューコフはかねてからの計画に従い、第61軍、第2親衛戦車軍、そしてアルンスヴァルデにおいて激しい市街戦に巻き込まれていた第Ⅶ親衛騎兵軍団によるシュテッティン攻略作戦を発動した。このソ連軍の圧力によって、再び町ごと包囲され、今度こそ守備隊が粉砕される恐れが生じたために、フォイクトとツィーグラーはアルンスヴァルデの放棄と守備隊の退却を決めた。アルンスヴァルデの北東、フリードリヒスルーでは、T-34/85中戦車やIS-2、KV-1重戦車などで編成された大戦車部隊による強襲が繰り返されていた。ノルゲ連隊とダンマルク連隊はシェーネンヴェルダーに対するソ連の威力偵察をはねつけていたが、その返礼として、彼らの頭上には「スターリンのオルガン」を含む砲弾の雨が終日降り注ぐことになった。

　ベロフ将軍は第Ⅶ親衛騎兵軍団を任務から解放し、第23狙撃兵師団にあとを引き継がせた。市内に突入した強襲部隊には引き続き攻撃続行が命じられる一方で、第XVⅢ狙撃兵軍団はアルンスヴァルデへの強襲を停止し、そのまま防御態勢に移行するよう指示が出された。支援任務にあたっていたIS-2重戦車は常にハッチを閉じた状態で行動しなければならなかった。一連の戦いでは市街戦が多く、建物の上から狙い撃たれたり、ハッチ

の中に手榴弾を投げ落とされるような損害が相次いでいたからだ。視認性の悪化を補いつつ、市街戦での不利を避けるために、この頃までにソ連軍では行軍の基本となる「射撃と運動（ファイア・アンド・ムーブメント）」を応用して、市街地の行軍では、戦車4両からなる小隊が、2両ずつペアになって、最初のペアがそれぞれ左右を確認しながら通りを前進する間、残るペアは後方から掩護するという安全確保を重視していた。これを繰り返す様子がスキー歩行時の足の運びに似ていることから、「（スキーの）開脚登高」とも呼ばれていた。

また、戦車1個中隊ごとに機関銃小隊を割り当てることで、戦術的柔軟性が大きく向上した。作戦行動中の戦車に跨乗した歩兵が、周囲に目を光らせて、パンツァー・ファウストを携えてひそむドイツ兵など、戦車に害をなす敵兵を駆り出すのである。また、敵戦車との交戦意欲を高めるために、国防人民委員部は1943年1月24日に発した第0387号命令を通じて、敵戦車を撃破した戦車の車長と操縦手に各500ルーブル、砲手と装填手には200ルーブルの賞金を与えていた。砲兵や対戦車砲の操作員にも同様の賞金が設定されていたが、末期戦のこの頃には、例えば独力で敵戦車を破壊した兵士への賞金は1000ルーブルに増額されていた。

ムンツェル作戦集団とフォイクト少将は、2月20日までに市民と負傷兵を交戦地帯から後方に脱出させなければならなかったが、成功はひとえにノルトラント師団が回廊を維持できるかにかかっていた。このような成功例が、他の「要塞都市」でほとんど見られなかったという事実を見れば、いかに難しい軍事的課題か想像できるだろう。翌日、ドイツ軍砲兵が赤軍の前進を瀬戸際でくい止めている間に、守備隊はアルンスヴァルデ突出部からの撤退準備を開始した。SS第Ⅲ戦車軍団が布陣していたイーナ河畔の防御陣地まで退こうというのである。「冬至作戦」に参加した他の部隊も、似たような状況にあったが、当初の作戦目標を達成した部隊の中には、後退するよりは現状維持の方がましだと考えているものもあった。いずれにしても「冬至作戦」参加部隊は、後方に退いて再編成を受けるか、あるいは戦況が差し迫っている他の戦線に転用されることになった。

ノルゲ、ダンマルク両連隊に対しては、ノルトラント師団の側面が伸びきってしまい、アルンスヴェルデ回廊の保持が不可能になったことか

ドイツ軍が配布した歩兵による対戦車攻撃マニュアルのとおり、敵戦車のエンジンルームにまで接近できるなら、24年型柄付手榴弾とガソリン缶で作った即製爆薬は極めて有効な破壊手段となった。初期型のゴム転輪が使われている事から、写真のT-34は1941年モデルであることがわかる。（NARA）

ら、即座に後退して戦線を縮小すべしとの命令が与えられた。ランゲマルク師団は、ついにペツニックを攻略できなかった。1700時、(アルンスヴェルデで編成された)3つの退却グループのうち最初の1つが北西方向への退却を開始した。1800時と1900時に残る2つのグループが続き、2000時にはハインツ＝ディーター・グロースSS少佐が率いる後衛部隊が退却した。15日間におよぶ戦闘の末に、フォイクトは敵に一切の疑いを抱かせることなく、完璧に撤退を成功させたのである。

　日付が変わる直前の深夜、ダンマルク連隊の第Ⅱ、第Ⅲ大隊がボニンへの退却を開始した。第Ⅲ大隊は連隊の後衛も務めていた。ここでもソ連軍は敵の退却に気づかず、4時間後には空き家になっていたシェーネンヴェルダーへの砲撃を開始した。夕方になってようやく敵守備隊が交戦地域から退却したことに気付くと、それでもまだ敵が残っているのを警戒して、慎重に北進した。22日の午後には、第Ⅶ騎兵軍団の一部がボニンを攻撃したが、これは撃退された。

　この日の2200時、ダンマルク連隊の第Ⅰ大隊は依然としてペツニック付近で防御態勢を固め、同連隊の第Ⅲ大隊がイーナ川渡河中は、ファルツォール橋頭堡の側面を保持していた。その45分後にはノルゲ連隊第Ⅲ大隊がシュラゲンティンを放棄して渡河を開始した。ダンマルク連隊第Ⅱ大隊もこれに後続した。最後の部隊となったノルゲ連隊第10中隊がイーナ川の北岸にたどり着いたのが確認されると、先に強化されたばかりのザッハンに至る橋は爆破された。

　2月23日から始まったジューコフ主導の第70軍による攻勢は、イーナ川戦線からのドイツ軍撤退の動きに拍車をかけた。このような状況を想定した事前計画がドイツ軍にはなかったので、後方陣地も用意されていない。ドイツ軍は車両や装備を放棄するほかなかった。第1ベラルーシ方面軍はロコソフスキーを援護するような形でポンメルン掃討作戦に従事し、この6週間後には、待ちに待ったベルリン総進撃が始まるのである。

現在のシュターガルト〜アルンスヴェルデ鉄道。アルンスヴェルデから3kmほど西で撮影したもの。2月16日にシェーネンヴェルダーを奪回したのち、SS第11装甲擲弾兵師団「ノルトラント」はソ連第212、第415狙撃兵師団を撃退し、アルンスヴェルデに繋がる回廊を確保した。(Mariusz Gajowniczek氏所有)

統計と分析
Statistics and Analysis

　銃弾や砲弾の破片にさらされ、悪天候の中でも生身で戦わなければならない歩兵や砲兵に比較すれば、戦車兵は装甲で守られた安全な環境で戦えるという恵まれた一面があるが、戦車ならではの危険も存在する。第2次世界大戦で、歩兵は高い確率で身体的な負傷を被ったが、戦車兵は特有の危険と隣り合わせだった。まず、外部との直接の接触が限られる環境で、蒸し暑く狭苦しい戦車に閉じ込められる時間が続く中で閉所恐怖症に陥り、精神を壊してしまう症例が多数見られた。絶え間ない振動は膝や背骨の関節を痛め、ひどい場合は脊髄神経根炎を引き起こし、浮腫や筋肉の消耗症の原因にもなった。対戦車地雷や榴弾の爆発による衝撃は精神的な後遺症の原因となり、命中した敵弾が貫通しなくても、その衝撃で車内に飛び散る装甲の小片は銃弾と同じくらい危険だった。一酸化炭素が発生しやすい構造も問題で、もしハッチが開閉できない状態でこのような事態になれば、死を覚悟するほかない。作戦中は、常時85dBを超えるひどい騒音に悩まされることになる。主砲射撃音は140dBに達し、これが周囲の環境と作用しあうので、戦闘中は120dBから200dBの騒音にさらされ続けるのだ [訳註26]。これでは、見当識を失う乗員が出るのも当然で、戦闘中にはしばしば車内の指揮や指示伝達に失敗する事態は避けられなかった。

ティーガーⅡ
THE TIGER II

　ドイツ軍のパンターや、ソ連のT-34のような中戦車は、火力、機動力、防御力の三要素がバランス良くまとまった装甲戦闘車両なので、様々な戦場で戦力として期待できるが、ティーガーⅡのような重戦車は、特に重量が足枷となって、防御的な任務でしか力を発揮できない。まず、巨体が邪魔になって、入り組んだ市街地や狭い舗装道路の通過が困難であり、機械的な弱点も足を引っ張る。ティーガーⅡの駆動機構は脆弱で、ダブル・ラディアス式L801ステアリング・ギアには常に過重がかかり気味で、シールやガスケットは漏洩を起こしやすかった。乗員の訓練が不充分であったことが、この弱点に拍車をかけた。未熟な操縦手はエンジン回転数を上げすぎてオーバーヒートを招く事故を起こし、サスペンションに負荷がかかる地形に注意を払う余裕もなかった。また、自走距離が増えすぎると、転輪を支えるスイングアームが歪みを起こした。このような駆動系の不具合は履帯にも無理を生じさせ、履帯ピンの破損事故も頻発している。このような酷使は当然エンジンにも無理を強いたので、およそ1,000km走行するごとに、エンジンごと交換しなければならなかった。幅広の履帯は、ほとんどの地形で移動できる利点があったが、軟弱地で足を取られたティーガーⅡを牽引して引き出すには、別のティーガーⅡが必要となった。このよ

訳註26：dB（デジベル）は音の大きさを表す単位として用いられるが、一般に、人間の感覚では10dB上がると、2倍の音として感じられるとされる。地下鉄車内が80dB、ジェット機エンジン付近が120dB程度であることと比較すれば、戦車内の騒音の酷さがわかるだろう。

うに故障が多い戦車なので、常に予備部品が大量に必要で、メンテナンス作業にも膨大な時間を要するため、慢性的に稼働率は低かった。

　71口径の長砲身を誇るティーガーⅡの主砲は、スペイン内戦（1936〜39年）以来、敵戦車を恐怖のどん底に叩き込んできた、高初速で低伸弾道性に優れる88㎜高射砲の戦車砲バージョンである。高性能な光学照準眼鏡によって目標を先に発見する機会も多く、遠距離の目標に対して高い命中率を発揮する88㎜戦車砲の性能と相まって、「最初に発見し、最初に命中させ、最初に撃破する」という戦車戦の理想実現を可能にしていた。しかし長砲身は砲塔リングに負担を強いていたために、水平地形以外の場所では砲塔の旋回がうまくいかないことがあった。敵主砲の射程外で、かつ地形的な制約がない理想的な戦闘環境が整っている場合、ティーガーⅡは敵にとってまさに致命的な戦車であった。装甲の厚さはこれ以上なく、特に車体前方からの攻撃でティーガーⅡに有効打を与えるのは、極めて困難である。実際、戦闘中にティーガーⅡが車体前面の傾斜装甲を貫通されたという損害事例は見当たらないが、側面および背面については、特に至近距離とも言えない距離からの攻撃が有効だったことがわかっている。

ティーガーⅡの車長用キューポラを内部から撮影。ハッチ開閉用のレバーが確認できる（写真の上左）。7ヵ所のブランケットは損害を受けやすかったので、ペリスコープは簡単に交換できる構造になっていた。（著者所有）

　経験豊富な戦車兵が搭乗し、長射程戦闘能力を活かせる地形や環境に恵まれた場合、この重戦車はソ連、アメリカ、イギリス、どの戦車に対しても極めて高い確率で撃破できる。例えばSS第503重戦車大隊は、前線配備された1945年1月から終戦までに、約500両の敵戦車を撃破している。もちろん、このような数字は水増しされやすく、また大隊の戦闘記録は連日の激戦と末期戦特有の混乱の中で散逸しているうえ、彼らの戦場は次々とソ連軍の支配下になっていったので、正確な数字を今さら追跡するのは不可能である。それでも、同大隊の戦果は、適切に運用された場合のティーガーⅡの威力を充分に証明していると言えるだろう。同大隊には39両のティーガーⅡが配備されていたが、うち戦闘で破壊されたのは10両だけで、残りの車両は機械故障や燃料切れなどの理由から、乗員自らの手で破壊されたり、戦場に遺棄された。SS第503重戦車大隊は、同時期に創隊された第501、第502重戦車大隊とは違って、1両も補充の戦車を受け取っていないので（第501大隊と第502大隊は、定数表で指定されている45両に対して、それぞれ2.38倍と1.7倍に相当する数のティーガーⅡの補充を得ていた）、純粋な戦闘での車両損害率は50パーセントを下回っていることがわかる。

　ポンメルン戦線は極度の混乱状態にあり、複数の戦区で同時に勃発している危機的状況に対処する必要から、時には現地司令官の要請で、第503重戦車大隊のティーガーⅡは2〜3両か、ひどい場合は単独で分散配置させられていた。登場以来もっぱらティーガーⅡは、快速戦車部隊の構成要素ではなく、歩兵に随伴して火力を与える支援兵器として使用されたが、その様子はまるで1940年のフランス軍を再演しているかのようだった。おそらくティーガーⅡは、戦力消耗に悩んでいた戦車連隊に、重戦車中隊として配備された方が能力を発揮できただろう。しかし実際は、戦争が終

12.7mm DShK 1938年型対空機銃を搭載した、鋳造式傾斜装甲型のIS-2重戦車。主砲の力強さを印象づけるためか、背景をぼかすと同時に、マズルブレーキ周辺にあとから修正が施されている。(DML)

わるまで、彼らは半独立部隊である重戦車大隊の専用装備として扱われた。ティーガーIIの戦車兵は小部隊特有の戦術の採用を強いられ、機動戦ではなく、積極的な動きを最小限に抑えた待ち伏せ戦術を磨きつつ、常に上空の対地攻撃機を警戒しなければならなかった。

　居住性についても触れておこう。戦車兵は、与えられた戦車の中でかなり長い時間を過ごすことになるが、ティーガーIIの場合は車内空間が比較的広く取られていたので、不便はかなり軽減されただけでなく、作戦行動中も、停車時と比べて居住性が大幅に悪化することはなかった。暖房性能と換気性能も優れていたので、他の戦車よりは作戦中の車内環境が良く、戦闘には付きものの乗員のミスや連絡不調を減らす効果があった。砲弾ラックや弾庫も、装填作業にはかなり好都合な配置になっていたが、砲塔バスルに格納されていた即用砲弾は、敵弾が命中した際の衝撃で脱落したり、飛散した装甲の破片で誘爆した場合に、致命的な事故を引き起こしてしまう。ヘンシェル社は、このような砲弾の事故を軽減するために、砲弾ラック用のカバーを追加したが、用心深い戦車兵の中には、砲塔後部に何も積載せず、緊急時の脱出口として後部ハッチへのアクセスを確保する者もいた。

　ティーガーIIの製造には多くの人手と時間が必要とされ（重量45トンのパンターを製造する手間と時間の倍に達する）、燃料消費量も膨大であることを考えると、戦争後半になってドイツの資源供給量と軍事的な見通しが悪化する中で、なぜこのような重戦車が必要だと判断されたのか理解に苦しむ。戦場での優位を獲得し、あるいは失わないために、絶え間なく兵器開発競争が繰り広げられた結果という説明には一定の説得力があるかもしれない。また、ドイツの軍事力を誇示し、宣伝効果を高めるために、「無敵戦車」を欲したヒトラーの個人的願望にその責任を問う意見もある。そもそもドイツ軍上層部は兵器の生産効率を上げて資源の浪費を押さえ、消耗戦を戦い抜くという発想に欠け、パンター戦車の最終発展型であるG型を製造する段階で着手したときには遅すぎたのである。従ってティーガーIIがいかに優れた戦車であるとはいえ、数が揃っていなければ、圧倒的物量を押し立てて侵攻してくる連合軍戦車部隊の奔流をくい止めることは不可能だったという結論になるのである。

IS-2
THE IS-2

　1943年春に、赤軍が戦略的攻勢に転じて以来、当初は拙かった作戦遂行能力も徐々に向上し、一定の戦区に圧倒的な戦力を投入するという成功法則が確立した。これが奏功し、ドイツ軍は敵の戦力の集中度合いを誤算して、ミスに気づいた時にはすべてが手遅れという事態が頻発するようになった。最前線に設けられた敵の防衛線を突破するという目的から開発されたIS-2は、分厚い装甲と強力な主砲を搭載した重戦車でありながら、車体は比較的軽量であり、攻撃の先頭に立つ危険な任務を遂行する上では理想的な戦車であった。ひとたび敵戦線に突破口が開かれれば、後続する戦車部隊や機械化部隊が殺到して突破口を押し広げ、追撃戦を続行する。これが赤軍の「縦深戦闘理論」に沿った戦場の姿である。機動戦を得意とするT-34中戦車のような快速戦車が、集団で敵戦線の側面や背後を襲って、兵站網や通信連絡網を破壊し、敵に対処不可能な状況を作り出す。IS-2は1,100km程度まで無整備の連続運用が期待できたが、これは機械的な信頼性に乏しかったKV-1重戦車と比較すると飛躍的な進歩である。ヴィスワ川とオーデル川での戦闘で自ら証明したように、IS-2は長射程戦闘能力も高いので、以後、終戦までIS-2は赤軍攻勢作戦の先鋒に立っての任務をやり遂げることができた。

　積載弾数28発のうち20発が榴弾であることからわかるように、IS-2は要塞や強化陣地、建物、兵員や非装甲車両に対しても威力を発揮した。このような敵が相手の戦闘局面であれば、分離装薬式砲弾による装填効率の悪さもさほど問題にはならない。しかし、相手が戦車となると、この装填速度の遅さは致命的な弱点だった。それでも、122mm戦車砲D-25Tが発射する砲弾は、初速の遅さを重量が補うので、命中した場合は、装甲を貫通できなくても、砲弾の重量が生み出す運動エネルギーによって、敵戦車に何らかの機械的な破壊を引き起こすことができた。しかし、装薬は低品質なので、射撃時には盛大な砲煙を噴き上げ、位置が簡単に暴露してしまう欠点もあった。また、ペリスコープは全周視認が不可能で、敵味方の識別にも支障を来すほど性能が悪く、主砲の重量バランスの問題もあって、車体が水平位置にないときには、砲塔旋回がうまく行かないこともあった。砲塔前面の重量を増やすと、当然この問題は悪化するので、車体や砲塔前面の防御力を追加装甲で強化するのは最初から問題外であった。戦車同士の遭遇戦では、たいていの場合、最初に敵戦車に命中弾を与えた側が有利になることから、IS-2は本質的に戦車戦では不利な構造の重戦車であった。

　傾斜装甲で構成されたIS-2の車体はシルエットが小さかったので、敵の対戦車兵器からはもっぱら砲塔が狙われた。パンツァー・ファウストやパンツァー・シュレッケのようなドイツ軍の携行対戦車兵器に対抗するため、IS-2の乗員は鉄板を使って即席の追加装甲を貼り付けた。砲弾の威力は防げないが、成形炸薬弾が相手なら、致死性金属

ティーガーIIのキューポラからは大まかな測距しかできない。目標を発見した車長は、小型の垂直照準ロッド（写真の右側外）を併用して目標までの概算距離を割り出し、砲手へと伝達する。「ピルス」マウントと換気用ファンの装甲板も確認できる。（著者所有）

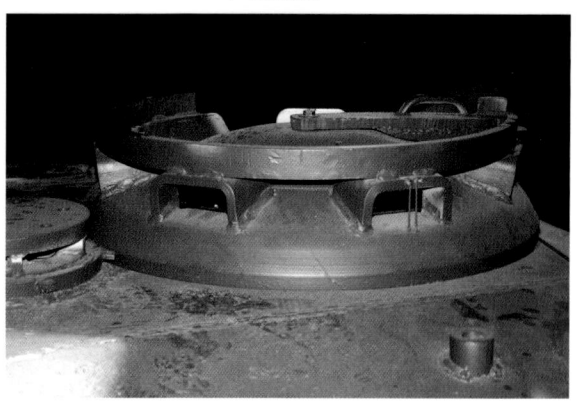

ベルリン中心部、ブランデンブルク門の前を通過中の第7重戦車旅団所属のIS-2。敵味方識別用の白線が砲塔に描かれている（砲塔の屋根には航空機から識別できる様に、白い十字が描かれているのだろう）。この部隊は最近まで北極圏に近い戦場で戦っていたこともあり、赤い星の中に白いホッキョクグマをあしらったマークが砲塔に描かれていた。後方で対戦車砲を牽引しているのはソ連製ZIL-157トラックである。(DML)

ジェットの威力を大幅に減らすことができたからだ。しかし、戦車同士の相互支援が難しい市街戦では、このような即席追加装甲は気休めにしかならなかった。

　ソ連の戦車兵、特に操縦手は、ドイツ軍ほど充分な訓練を受けていなかったが、IS-2の構造はティーガーIIに比べれば、簡素で頑丈なので、多少の乱暴な操作には耐えた。戦争期間を通じて、ソ連製戦車は乗員の安全性と居住性を常に二の次としていた。鋳造技術や部品同士の密閉性の確保、あるいは製造段階での技術の低さからすれば、当然の処置とも言える。大量生産されたT-34中戦車と同じように、IS-2も生産性を優先して、単純かつ頑丈な構造になっていたが、長い時間を通して見れば、ソ連製戦車の数の多さが、技術的にはずっと先を行っていたドイツ製戦車の質的有利を次第に帳消しにして、最終的にこの強敵を打倒することになるのである。

　アルンスヴァルデ攻防戦において、IS-2には機動戦を展開する選択肢もあったが、遮蔽物となる森林が少ない上に開けた地形だったので、長射程の戦車戦を得意としているティーガーIIが睨みを利かせている戦場——ドイツ軍は戦車を最優先攻撃目標に設定していた——では、積極的に町に近づけなかった。

　サイズや目的が異なる多数の戦車を開発し、これを同時に実戦運用することの難しさは、第2次世界大戦が始まって間もなく、主要国すべてで明らかになった。製造能力の限度や、原材料の制約、設計面の妥協や、戦場での優位を求める前線からの圧力など個々の要素は、この難しさを説明する一側面に過ぎない。軽戦車、中戦車、重戦車および自走砲の混在は、相互の欠点を補い合う利点よりも、それぞれの能力の重複と飽和を招き、補給物資の増大を引き起こして、維持費を増大させてしまう欠点を目立たせた。結果として、戦車大国は戦車の車種を絞り、必要に応じて追加装備や改修で戦闘力を維持可能な、一種類の「主力戦車」という考えにたどり着いた（派生型として空輸可能な軽戦車も望まれた）。例えばアメリカの30トン級戦車であるM4シャーマンや、ソ連製のT-34中戦車は、量産性に優れているだけでなく、あらゆる戦場で活躍し、かつ様々な改修や追加装備にも耐えられることを証明した。そして、両者のこのような運用は戦後になっても続けられた。現代戦において、携行対戦車兵器の発展と急増は、戦車にとっての死亡通知に等しいと解されている。この60年来、戦車の基本的な構成要素はほとんど変化していないが、装甲や主砲をはじめ、通信機器、射撃管制装置など様々な機器が改良と進化を重ね、戦車は相変わらず、戦場において一定の安全を確保できる空間として生き残っている。ただし、その生存性はかつてほど高いものではなく、時間と共に危険性は増していると言えるだろう。

結論
The Aftermath

　ドイツ人は5年を超える戦争に身を投じたが、本格的な戦争経済への移行に踏み切ったのは、1942年にアルベルト・シュペーアが軍需大臣に就任してからのことであり、結局は連合軍との消耗戦を戦い抜けなかった。1944年には戦車、航空機、弾薬などの軍需生産量が飛躍的な伸びを見せてはいたが、翌年2月の時点では、ドイツの物的、人的資源は枯渇し、戦術的な攻勢さえ実施不可能な状態まで追い込まれていた。1944年夏にソ連軍が発動した一大攻勢、バグラチオン作戦は、ドイツ中央軍集団を粉砕し、同年暮れにドイツ軍が起死回生を狙って発動したアルデンヌ攻勢は、いたずらに東西両戦線の戦略予備をすり潰すだけの結果に終わった。ライン川とオーデル川を東西の最終防衛線に定めたドイツ軍は、驚くべき粘りを見せてはいたが、その奮戦は宣伝材料としてはまだしも、戦局を変える力にはならなかった。

　末期戦でドイツ軍が実施したアルンスヴァルデ、コルマール（アルザス・ロレーヌ戦線）、ブダペストでの攻勢は、もはやドイツ軍最良の部隊を持ってしても戦術的優勢さえ確保できず、戦意の高さだけでは、兵站の崩壊と航空支援や増援の欠如を補えないことを証明した。祖国防衛と、ヒトラーに対する個人的な忠誠宣誓という二つの義務に板挟みされたドイツ国防軍には、最後まで戦い抜く以外に選択肢は無く、1945年には、東ヨーロッパに侵攻する赤軍を少しでも長く押しとどめて、住民を安全な西部に逃がすために死力を振り絞ることだけが目的になっていた。

　「要塞都市」を梃子にして国土の一部を頑強に保持し、敵の攻勢主力から部隊を誘引、吸収して消耗戦に引きずり込み、敵全体の進撃速度を遅延させるという作戦方針は、短期的視点からは理に適っていた。1941年、バルバロッサ作戦に直面したスターリンも同様の戦略を実施したが、ドイツ軍の短期的勝利の見通しに陰りが生じると、ヒトラーは「占領地」に執着して将軍たちが作戦能力を発揮する機会を妨げ、結果としてモスクワ攻略が年末までずれ込む事態を招いたのであった。前線指揮官の要求に反して、ヒトラーが占領地の放棄を認めなかった結果、市街戦や占領地の防衛戦に投入されたドイツ兵の損害が増加し、本来なら攻勢に振り分けられるべきドイツ軍のかなりの兵力を消耗してしまったのである。ポンメルンやシュレジェンをはじめ、各地に設置された「要塞都市」の多くは赤軍の手に落ちたので、アルンスヴァルデの戦いは、実のところ、数少ない成功例の一つに過ぎなかった。ドイツ兵の立場からすれば、兵力が不足し、武器弾薬の補充もままならず、指揮統制の手段もない状態のなかで「要塞都市」の守備に投入されるということは、敵中に孤立するのと同じ意味であり、自ら任務を放棄して脱出するか、友軍が救出してくれるか以外には、生きて助かる方法はなかった。

1945年2月末になると、アメリカ軍とイギリス軍および英連邦軍はローエル、ラインの両河川を越えてドイツ中枢部に進撃する準備を終えていた。一方、東部戦線のソ連軍もヨーロッパでの戦争の勝敗を決定づける最後の一撃を繰り出そうとしていた。ジューコフはポンメルンを完全制圧するために部隊の再編成を急いでいたので、もはやイーナ川の南を取り返そうというドイツ軍の目論見は、いかなる見地からも問題外となっていた。燃料と弾薬は危険水準まで減少し、軍事指導者としての資質を欠いていたヒムラーは、「再編成」命令以外、防衛戦に適切な命令を発することができなかった。軍事的常識に適った全体方針を誰も与えられない状況で、ドイツ軍の組織的抵抗は次第に散漫となり、車両の多くが遺棄されるか、乗員の手で破壊されていた。SS第III戦車軍団も、ポンメルン防衛戦後は、他の部隊との連携を欠いた丸裸の状態で、ジューコによる新たな攻勢に直面していた。

　アルンスヴァルデ守備隊の解放から2週間のうちに、第1、第2ベラルーシ方面軍がそれぞれ東西からポンメルンに侵攻した。3月4日、ジューコフはシュターガルトを占領して、シュテッティンの鼻先に橋頭堡を築き、その翌日にはバルト海に達して、東のドイツ第2軍を孤立させた。続く数日間のうちにソ連軍はバルト海への回廊を拡大して、オーデル川東部一帯を制圧、ドイツ軍守備隊をダンツィヒに押し込んでいる。SS第11戦車軍は実質的に崩壊し、麾下部隊はベルリン防衛戦に転用された。

　こうして、ランツベルクを奪回し、オーデル川に達した赤軍先鋒部隊の後方を寸断するという「冬至作戦」の狙いは失敗した。しかし、赤軍進路の側面を形成するポンメルンにドイツ軍が侮りがたい戦力を残しているのではと、スターリンは疑心暗鬼に陥った。独裁者の恐れに応えるように、スタフカは2月に予定していたベルリン侵攻作戦を一旦停止して、ジューコフとロコソフスキーがバルト海沿岸の安全を確保し、軍の再編成を終えるまで延期したのである。5月に入った直後にベルリンが陥落して、ヨーロッパの戦争は終了した。ソ連とポーランドは、共謀してポンメルン、シュレジェン、東プロイセンからドイツ系住民を追放した。ソ連は1939年に不当な手段でポーランドから奪った領土を返還しなかったが、代わりに中世以来のドイツ領土の多くを、ポーランドが「回復国土」として領有することを認めた。そして現在、ポンメルンをはじめとするこれらの地域には、ポーランド人をはじめ、リトアニア、ベラルーシ、ウクライナ人らが居住するようになってから、半世紀以上の時間が経過している。

参考文献
Bibliography

※ "SII" は Scientific Research Institute の、"BIOS" は British Intelligence Objectives Sub-Committee のそれぞれの略号。

【主要参考文献】

Briggs, Charles W. et al. The Development and Manufacture of the Types of Cast Armor Employed by the US Army during WWII. Ordnance Corps, 1942.

Hoffschmidt, E.J. and Tantum IV, W.H., eds. Tank Data(Aberdeen Proving Grounds Series). WE Inc., 1969.

NII(Research Lab)-48, Sverdlovsk. Report of the Artillery Tests of the Armor Protection of IS-85 and Is-122. 1944.

NII(Research Lab)-48, Sverdlovsk. A Short Technical Report About Improving the IS-2's Armor. 1944.

NII(Research Lab)-48, Sverdlovsk. Studying the IS Tanks Being Destroyed in Summer-Autumn 1944. 1945.

OKH. Merkblatt 47a/29(Anhang 2 zur H. Dv.1 a Seite 47a lfd. Nr.29 und 30)-Merkblatt für Ausbildung und Einsatz der schweren Panzerkompanie Tiger. 1943.

People's Commissariat for Defense. Combat Regulations for Tank and Mechanized Forces of the Red Army. Parts I(Platoon and Company) and II(Battalion, Regiment, Brigatde). 1944.

People's Commissariat for Defense. Heavy Tank Manual. 1944.

People's Commissariat of Heavy Industry. Heavy Tanks and SP Guns in Action. 1945.

Reed, E.L. and Kruegel, S.L. A Study of the Mechanism of Penetration of Homogeneous Armor Plate. Watertown Arsenal Laboratory, 1937.

【参考文献】

Babadzhanian, Hamazasp. Tanks and Tank Forces. Voenizdat. 1970

Baryatinskiy, Mikhail. The IS Tanks(IS-1, IS-2, IS-3). Ian Allan Publishing, 2006.

Bean, Tim and Fowler, Will. Russian Tanks of World War II: Stallin's

Armored Might.Zenith Press,2002.

BIOS. German Steel Armour Piercing Projectiles and Theory of Penetration.Final Report #1343,1945.

BIOS. German Tank Armour.Final Report #653,1946.

Bird,Lorrin R. and Livingston,Robert.World War II Ballistics: Armor and Gunnery.Overmatch Press,2001.

Hahn,Fritz.Waffen und Geheimwaffen des deutschen Heere 1933-1943 Band 1 & Band 2.Bernard & Graefe Verlag,1987.

Harmon,Mark,ed,Guns and Rubles: The Defense Industry in the Stalinist State.Yale University Press,2008.

Hohensee,Anneliese.As Arnswalde Burned:A Documentation.Self-Published,1968.

Jentz Thomas.Panzertruppen 2:The Complete Guide to the Creation and Combat Employment of Germany's Tank Force,1943-1945. Schiffer Publishing,Ltd.,1996.

Kurochkin,P.A.,ed.The Combined Arms Army in the Offensive. Voenizdat,1966.

Losik,O.A.The Formation and Use of Soviet Tank Forces in the Years of the Great Patriotic War.Voenizdat,1979.

Ministry of Defense.Order of Battle of the Soviet Army.Part V(January-September 1945).Soviet General Staff Archives,1990.

Mörke,Fritz.Der Kampf um den Kreis Arnswalde im Jahre 1945. Ostbrandenburgischen Kirchengemeinden,1973.

Ogorkiewicz,Richard M.Design and Development of Fighting Vehicles.Macdonald,1968.

Pavlov,A.G.,Pavlov,Mikhail V.,and Zheltov,Igor G.20th Century Russian Armor.Vol.2,1941-1945.Exprint,2005.

Reinoss,Herbert.Letzte Tage in Ostpreußen.Langen/Müller,2002.

Svirin,Mihhail.Heavy IS Tanks.Exprint,2003.

Tieke,Wilhelm.Tragedy of the Faithful: A History of the III.(germanisches)SS-Panzer-Korps. J.J.Fedorowicz Publishing,Inc.,2001.

US War Dept. Handbook on German Military Forces.TM-E 30-451,March 1945.

US War Dept. Handbook on U.S.S.R. Military Forces.TM-E 30-430,November 1945.

◎訳者紹介 | 宮永 忠将

上智大学文学部卒業。東京都立大学大学院中退。シミュレーションゲーム専門誌「コマンドマガジン」編集を経て、現在、歴史、軍事関係のライター、翻訳、編集、映像監修などで幅広く活動中。「オスプレイ"対決"シリーズ2 ティーガーI重戦車 vs. ファイアフライ」「オスプレイ"対決"シリーズ8 Fw190シュトゥルムボック vs. B-17フライング・フォートレス」など、訳書多数を手がけている。

オスプレイ"対決"シリーズ　11

ティーガーII vs IS-2 スターリン戦車
東部戦線1945

発行日	2012年8月23日　初版第1刷

著者	デヴィッド・R・ヒギンス
訳者	宮永忠将
発行者	小川光二
発行所	株式会社 大日本絵画 〒101-0054　東京都千代田区神田錦町1丁目7番地 電話：03-3294-7861 http://www.kaiga.co.jp
編集・DTP	株式会社 アートボックス http://www.modelkasten.com
装幀	八木八重子
印刷/製本	大日本印刷株式会社

© 2011 Osprey Publishing Ltd
Printed in Japan
ISBN978-4-499-23091-9

KING TIGER VS IS-2
Operation Solstice 1945

First published in Great Britain in 2011 by Osprey Publishing,
Midland House, West Way, Botley, Oxford OX2 0PH, UK
All rights reserved.
Japanese language translation
©2012 Dainippon Kaiga Co., Ltd

内容に関するお問い合わせ先：03(6820)7000　㈱アートボックス
販売に関するお問い合わせ先：03(3294)7861　㈱大日本絵画